Ein Platz für Dialog und Inspiration

Physikzentrum Bad Honnef

Impressum

Herausgeber:
Berthold Schoch (Bonn)
für die Deutsche Physikalische Gesellschaft e. V. (DPG)
und die Elly Hölterhoff-Böcking-Stiftung der
Rheinischen Friedrich-Wilhelms-Universität Bonn

Redaktion:
Dr. Rainer Scharf
Gestaltung:
Anna Koll-Broser
Fotos (sofern nicht anders gekennzeichnet):
Eric Lichtenscheidt

Das vorliegende Werk wurde finanziert mit Mitteln der Deutschen Physikalischen Gesellschaft e.V. (DPG) und der Elly Hölterhoff-Böcking-Stiftung der Rheinischen Friedrich-Wilhelms-Universität Bonn.

1. Auflage, 2006

Bibliografische Information Der Deutschen Bibliothek
Die Deutsche Bibliothek verzeichnet diese Publikation in der Deutschen Nationalbibliografie; detaillierte bibliografische Daten sind im Internet über http://dnb.ddb.de abrufbar.

ISBN 3-9811161-0-0
ISBN 978-3-9811161-0-6

Druck
Druck- und Werbegesellschaft mbH, Bonn

DPG
universitätbonn
Wilhelm und Else Heraeus Stiftung
VolkswagenStiftung

Inhalt / Table of Contents

Die Zukunft gestalten / Designing the Future

Geleitwort

Die Physik lebt, wie alle Wissenschaften, von der Leistung ihrer Protagonisten, von deren Genialität und Fleiß und von der Akzeptanz und Förderung durch die Gesellschaft. Sie lebt aber auch ganz wesentlich von der wissenschaftlichen Kommunikation, vom Erfahrungsaustausch und vom wissenschaftlichen Disput. Ohne regelmäßige Treffen auf Konferenzen und Seminaren und ohne das direkte Gespräch zwischen den Wissenschaftlern – den jungen Anfängern wie den erfahrenen Älteren, den Doktoranden wie den international renommierten Fachleuten – wäre die Wissenschaft nicht so erfolgreich und so effizient. Zur Katalyse dieses Austausches genügen aber nicht die großen Tagungen und internationalen Konferenzen. Vielmehr sind oft kleine Seminare und Workshops mit weit weniger als hundert Teilnehmern für die Diskussion und für die Mitteilung von Erfahrungen von viel größerer Bedeutung. Sie ermöglichen es den Teilnehmern auch durch räumliche Nähe, in einen sehr intensiven Meinungsaustausch einzutreten, Erfahrungen in wesentlichen Details zu besprechen und wissenschaftliche Diskrepanzen zu lösen oder zumindest klar zu definieren. Auch wenn das oft erst am Abend bei mehreren Gläsern Bier oder Wein gelingt.

Wohl der Wissenschaftsgemeinschaft, die diesen Austausch intensiv pflegt und auch eine dazu geeignete Begegnungsstätte aufweisen kann! Die Gemeinschaft der Physiker hat mit dem Physikzentrum Bad Honnef eine solche Stätte, die nicht nur die Deutsche Physikalische Gesellschaft beherbergt, sondern vor allem als Begegnungsstätte zwischen den Physikern und Kollegen aus benachbarten Disziplinen dient. Ohne ein solches Wissenschaftsforum wäre die Physik in Deutschland in der internationalen Spitzenforschung nicht so erfolgreich und würde es den Physikern nicht so viel Freude bereiten, miteinander zu kommunizieren und zu kooperieren – dies ist ein besonderes Verdienst des Physikzentrums Bad Honnef am Fuße des Siebengebirges mit Blick auf den Drachenfels.

Vor diesem Hintergrund freut mich das diesjährige Doppeljubiläum ganz besonders: 30 Jahre Physikzentrum Bad Honnef und 100 Jahre Gebäude der Elly-Hölterhoff-Böcking-Stiftung. Die Rückbesinnung anlässlich eines 100. Geburtstags macht uns den rasanten zeitlichen und kulturellen Wandel bewusst. Das unter Denkmalschutz stehende Anwesen wurde von der Universität Bonn in den Jahren 1904 bis 1906 in Erfüllung eines Vermächtnisses des Ehepaares Hölterhoff errichtet. Bereits im Jahr 1897 übertrug der Honnefer Großkaufmann Otto Hölterhoff sein erhebliches Vermögen der Rheinischen Friedrich-Wilhelms-Universität Bonn mit der Verpflichtung, die Elly-Hölterhoff-Böcking-Stiftung als „Heim für Damen höherer Stände“ und „Haushaltsschule für Mädchen aus dem Volke“ einzurichten, was ab 1906 geschah. Ab 1947 nutzte die Universität Bonn das Gebäude für besondere Aufgaben in Forschung und Lehre, und daneben diente es „Damen höherer Schichten“ als Altersheim. 1976 wurde das Gebäude schließlich in eine Tagungs- und Begegnungsstätte der Physik mit Übernachtungskapazitäten umgewandelt – die Geburt des heutigen Physikzentrums.

Dieses Physikzentrum, partnerschaftlich betrieben durch die Deutsche Physikalische Gesellschaft (DPG) als Trägerin (seit 1986), die Universität Bonn (Elly-Hölterhoff-Böcking-Stiftung) und das Land Nordrhein-Westfalen, entwickelte sich rasch zum herausragenden wissenschaftlichen Begegnungs- und Diskussionsforum der Physik in Deutschland. Bald wurde es auch zu einem Markenzeichen der Physik auf internationalem Maßstab. So kann es passieren, dass Kollegen im fernen Japan oder in den USA bei der Erwähnung des Namens Bad Honnef begeistert von einem Seminar erzählen, das für sie wegen der herausragenden wissenschaftlichen Atmosphäre und dem besonderen Ambiente denkwürdig ist – und das meist von der Wilhelm und Else Heraeus-Stiftung gefördert wurde. Und es verwundert nicht weiter, dass die bekannteste Suchmaschine im Internet beispielsweise unter dem Stichwort „Bad Honnef“ auf den ersten zehn Seiten mindestens je einmal das Physikzentrum nennt.

Selbst auf den chinesischen und japanischen Internetseiten gibt es hunderte von Treffern. Gar mancher deutsche Physiker, auch der Autor dieser Zeilen, verdankt dem Physikzentrum vieles, z. B. die Aufnahme in die Community, spannende Seminare und Workshops, viele wichtige Bekanntschaften und Freundschaften und vielleicht sogar einen Karriereschub.

Untrennbar verbunden mit dem Physikzentrum ist die DPG. Sie hat dort ihre Geschäftsstelle und trifft sich regelmäßig zum Tag der DPG und zu Sitzungen. Mit Tagungen, Symposien und Weiterbildungsveranstaltungen fördert die DPG den Gedankenaustausch innerhalb der Gemeinschaft, engagiert sich in der gesellschaftlichen Diskussion und äußert sich öffentlich zu Themen wie Klimaschutz, Bildungs- und Hochschulthemen sowie zur Forschungs- und Energiepolitik. Die DPG ist zwar die älteste (und größte) physikalische Gesellschaft weltweit, sie ist mit einem Median von 34 Jahren aber hinsichtlich des Mitgliedsalters zugleich eine sehr junge Gesellschaft. Ihr Aufgabenspektrum erstreckt sich von der Nachwuchsförderung mit Schülerwettbewerben, wie etwa „Jugend forscht", und Auszeichnungen für Abiturientinnen und Abiturienten, über die Lehrerfortbildung bis zum wissenschaftlichen Austausch, z. B. bei den bekannten Frühjahrstagungen. Die DPG ist die Gemeinschaft aller Physiker, der Schüler, Lehrer, Studierenden, Professoren, Wissenschaftler in der Forschung und der Industrie einschließlich der Physiker, die in anderen Berufen untergekommen sind.

Das Physikzentrum in Bad Honnef ist somit eine herausragende Institution von internationalem Ruf, die den Vergleich mit ihren Partnereinrichtungen in Les Houches (Frankreich), Varenna (Italien) und St. Andrews (Schottland) nicht zu scheuen braucht. Sie ist in der physikalischen Landschaft ein Leuchtturm, der vielen Physikern hilft, den Kurs zu finden oder zu halten. Das Physikzentrum gereicht damit der DPG, der Stadt Bad Honnef und dem Land NRW zur Ehre und bietet den Physikern ein Zuhause.

Ad multos annos.

Prof. Dr. Eberhard Umbach
Präsident der Deutschen Physikalischen Gesellschaft

Foreword

Physics, alike the other sciences, thrives on the achievements of its protagonists, on their genius and efforts, and on its acceptance in and support by society. However physics is, to a large extent, also fuelled by scientific communication, the exchange of knowledge, and scientific dispute. Science would not be as successful or as efficient without frequent interaction on conferences and seminars, and the direct exchange between the scientists, be it between the youthful beginners and the experienced senior scientists, or the PhDs and the internationally renowned experts. However, major conferences and international meetings do not suffice as catalysts for this exchange; in fact, it is often smaller seminars and workshops with far less than a hundred participants that are of much greater importance for scientific discussions and the exchange of knowledge. Supported by spatial closeness such seminars enable the participants to enter into a very intensive exchange of opinions, to discuss the finer details, and to resolve scientific discrepancies or at least define them clearly, even if this often only occurs in the evenings after a glass or two of wine and beer.

A scientific community that works to uphold this exchange of knowledge – and actually has a suitable meeting venue for doing so – is a blessed one! The physics community has such a venue in the Physikzentrum Bad Honnef, a place that is not only home to the German Physical Society, but also serves as a meeting place for physicists and colleagues from neighbouring disciplines. Without such a scientific forum, German physics would not be as successful on top international scale, nor would physicists enjoy communicating and cooperating with each other as much as they do; this is especially a merit of the Physikzentrum Bad Honnef at the foot of the Seven Hills looking onto the Dragon's Rock.

It is therefore with great pleasure that we commemorate this year's double anniversary: the 30th anniversary of the Physikzentrum Bad Honnef and the 100th anniversary of the buildings of the Elly Hölterhoff-Böcking Foundation. A review of the past on the 100th anniversary brings to mind the rapid temporal and cultural change. The listed stately mansion was established by the University of Bonn between 1904 and 1906 in honour of the last will and testament of the Hölterhoff Family. Otto Hölterhoff, a Bad Honnef merchant, had already donated his considerable fortune to the Rheinische Friedrich-Wilhelms University of Bonn in 1897 under the condition that the Elly Hölterhoff-Böcking Foundation be established as a "home for ladies of higher descent" and as "household school for girls of lower descent", which finally occurred in 1906. However, since 1947 the University of Bonn has used the building for special purposes in the fields of research and education, and the building has also functioned as an old-age home "for upper class ladies". In 1976 the building was transformed into a conference and meeting venue for the physics community, with the ability to also provide overnight accommodation, thus the birth of the present day physics center.

This physics center, which is jointly run by the German Physical Society (DPG), as the carrier (since 1986), the University of Bonn (Elly Hölterhoff-Böcking Foundation) and the Federal State of North-Rhine Westphalia, quickly developed into an outstanding scientific meeting and discussion forum for the physics community in Germany. It soon also became a trademark for physics on an international scale. And it is this aspect that, at the mention of the name Bad Honnef, even makes colleagues in distant Japan or in the USA immediately start to enthusiastically recall a past seminar that is so memorable for its excellent scientific atmosphere and special ambiance – and that has often been promoted by the Wilhelm and Else Heraeus Foundation. Of course it comes as no secret that the world's most famous search engine returns a result that mentions the physics center at least once on each of the first ten pages for a search using the term "Bad Honnef". Even Chinese and Japanese Internet pages show hundreds of results. Many a German physicist, including the author of this foreword, owes much to the Physikzentrum, for example, acceptance into the physics community, exciting seminars and workshops, many important acquaintances and friendships, and maybe even a stimulus for the career.

The DPG is inseparably linked with the Physikzentrum. It has its headquarters there and regularly meets there for the DPG Day or meetings. The DPG supports the exchange of ideas within the community, takes part in public discussions in society and issues public statements on topics such as climate protection, education and further education, as well as research and energy policies. Although the DPG is the oldest (and largest) physical society in the world, the median age of its members is only 34, making it a very young society. Its spectrum of activities ranges from the promotion of the young generation with school competitions, such as "Jugend forscht", and awards for high-school graduates, to teacher further training, all the way to the scientific exchange of knowledge, for example with the famous "Spring Conferences". The DPG is a society for all physicists, be it school pupils, teachers, students, professors, or scientists in research and industry, and including those physicists who have found a home in other professions.

The Physikzentrum in Bad Honnef is therefore an outstanding institution of international repute that need not shy away from any comparison with its partner institutions, Les Houches (France), Varenna (Italy) and St. Andrews (Scotland). It is a lighthouse on the physics landscape and one that helps many physicists to set or maintain the right course. The Physikzentrum has therefore rendered the DPG, the town of Bad Honnef and the Federal State of North-Rhine Westphalia a great reputation and provides the physicists with a home.

Ad multos annos.

Prof. Eberhard Umbach
President of the German Physical Society

Vorwort

Im Jahr 2006 feiern wir das 30-jährige Bestehen des Physikzentrums Bad Honnef. Drei Jahrzehnte sind eigentlich ein sehr kurzer Zeitraum. Und doch sind sie eine sehr lange Zeit, wenn man die wissenschaftlich-technische Entwicklung im Auge behält.

Als die Idee eines Physikzentrums von der Deutschen Physikalischen Gesellschaft (DPG) gemeinsam mit der Elly-Hölterhoff-Böcking-Stiftung der Universität Bonn und dem Land Nordrhein-Westfalen in die Tat umgesetzt wurde, dachte noch niemand an ein leicht zugängliches Internet oder an virtuelle Konferenzen. Dies änderte sich in den nachfolgenden Jahren auf dramatische Weise. Es zogen bedrohlich erscheinende Gefahren für ein solches Kommunikationszentrum auf, das auf persönlichen Kontakt ausgerichtet ist. Hätten wir in der Aufbauphase den allgemeinen Prognosen geglaubt, dass Tagungen mit „physischer Nähe" der Teilnehmer zu einer Randerscheinung werden könnten, dann hätten wir die Idee eines Physikzentrums sehr schnell aufgeben müssen.

Die tatsächliche Entwicklung hat aber deutlich gemacht, dass die „physische Nähe" für den kreativen wissenschaftlichen Austausch unverzichtbar ist – und wir sind davon überzeugt, dass sich das auch in Zukunft nicht ändern wird. So haben wir für das Physikzentrum die Teilnehmertage pro Jahr seit den 1990er Jahren verdoppeln können.

Wir wollen, dass das Physikzentrum auch zukünftig auf den bisherigen Erfolgen aufbauen kann. Um das erreichte Niveau, das auch für die wirtschaftliche Existenz des Zentrums lebenswichtig ist, zu halten und möglichst noch zu erhöhen, wollen wir durch moderne Angebotsformate den regen wissenschaftlichen Austausch zwischen den Wissenschaftlern untereinander, zwischen ihnen und interessierten Unternehmen und der aufgeschlossenen allgemeinen Öffentlichkeit intensivieren.

Wir setzen uns schon seit Jahren dafür ein, dass jungen Menschen die Grundkenntnisse von der Natur und die Grundeinsichten in das Naturgeschehen nahe gebracht werden. Dafür müssen geeignete Lehrkräfte in ausreichender Zahl fortgebildet werden. Wir beteiligen uns an der Erfüllung dieser Aufgabe und werden diese Aktivitäten in Zukunft weiter ausbauen.

Um neue Angebote realisieren zu können, müssen wir auch die bestehende Infrastruktur den neuen Herausforderungen anpassen. Dies wird das Physikzentrum in den nächsten Jahren finanziell sehr stark in Anspruch nehmen. Wir werden uns aber dieser Aufgabe stellen und hoffen dabei auf die Unterstützung durch unsere Partner.

Das Physikzentrum hat sich als Sitz der Deutschen Physikalischen Gesellschaft, der größten wissenschaftlichen Vereinigung Europas, im Lauf der vergangenen 30 Jahre auch zum geistigen Mittelpunkt im Leben der Physikerinnen und Physiker innerhalb der DPG entwickelt. Wir werden uns auch in Zukunft bemühen, diesen Stand zu halten und zu festigen.

Abschließend gilt unser Dank vor allem Berthold Schoch, dem Herausgeber dieser Festschrift, und ganz besonders der Deutschen Physikalischen Gesellschaft e. V. (DPG) sowie der Elly-Hölterhoff-Böcking-Stiftung der Rheinischen Friedrich-Wilhelms-Universität Bonn, ohne deren Finanzierung der vorliegende Sammelband nicht möglich gewesen wäre. Ebenfalls danken wir den Nobelpreisträgern Claude Cohen-Tannoudji und Theodor W. Hänsch sowie allen weiteren Personen, die an dieser Festschrift mitgewirkt haben. Durch ihre Unterstützung präsentiert sich die Festschrift als eine aufschlussreiche Darstellung der Vorgeschichte und der bisherigen Tätigkeiten des Physikzentrums Bad Honnef, seiner gegenwärtigen Bedeutung im internationalen Kontext und seiner zukünftigen Aktivitäten.

Kurt Seelmann
Vorsitzender des Kuratoriums des Physikzentrums Bad Honnef

Preface

In 2006 we celebrate the 30th anniversary of the Physikzentrum Bad Honnef. Actually, three decades are a very short time. Keeping in mind the scientific-technical development, however, they are a very long time.

When the Deutsche Physikalische Gesellschaft (DPG), together with the Elly Hölterhoff-Böcking Foundation of the Bonn University, and the federal state of North Rhine-Westphalia made the idea of a Physikzentrum come true, nobody thought yet of an easily accessible internet or of virtual conferences. During the years to follow this situation changed dramatically. The communication center, focussing on a personal contact, seemed threatened and jeopardized. The common prognoses in the phase of development said: events where participants personally meet will become rather marginal ones. If we had believed these prognoses we should have abandoned the idea of a "center of physics" very soon.

But the de facto development showed clearly that a creative scientific exchange cannot renounce of "personal nearness" – and we are sure this will not change in the future. Since the 1990s we could, for instance, double the amount of participant days at the Physikzentrum.

With modern instruments of communication we want the Physikzentrum to maintain or even surpass its achieved level of success and renown, which is vital for the economic existence of the center. In this way we intend to intensify the vivid scientific exchange among the scientists, between the scientists and the interested companies and likewise the open-minded general public.

For years already we have been requesting that young people receive a basic knowledge of nature and a basic insight into what happens in nature. Therefore, enough qualified teachers must be given the chance to upgrade their own knowledge. We help accomplish that task and are going to extend these activities.

To realize new offers we must adapt the existing infrastructure to the new challenges. For the years to come this will be a great financial burden to the Physikzentrum. We shall, however, face that task and we hope for support from our partners.

Being the headquarters of the Deutsche Physikalische Gesellschaft, the largest scientific association in Europe, the Physikzentrum became gradually, during the past 30 years, the Intellectual center of life of the physicists within the DPG. We shall continue our efforts to keep and strengthen that status.

Especially we thank Berthold Schoch, the editor of this commemorative publication, and of course we want to express our particular gratitude to the Deutsche Physikalische Gesellschaft e. V. (DPG) and the Elly-Hölterhoff-Böcking-Stiftung der Rheinischen Friedrich-Wilhelms-Universität Bonn. The production of this book would not have been possible without their funding. We also thank the noble laureates Claude Cohen-Tannoudji and Theodor W. Hänsch as well as all the other persons who contributed to this work. Their participation made the publication an informative presentation of the history and the activities of the Physikzentrum Bad Honnef, of its present significance in the international context and of its future mission.

Kurt Seelmann
Chairman of the Board of Trustees
of the Physikzentrum Bad Honnef

Die Gebäude
The Buildings

1

Die Gebäude der Elly-Hölterhoff-Böcking-Stiftung

Dunja Harenberg

Als Otto Hölterhoff am 7. Juni 1899 in seinem 61. Lebensjahr in Honnef starb, vermachte er testamentarisch sein gesamtes Vermögen der Königlich Preußischen Friedrich-Wilhelms-Universität zu Bonn. Er überließ der Universalerbin Grundstücke, Forderungen und Wertpapiere im Wert von circa einer Million Mark. Die Hölterhoffs waren eine wohlhabende Kaufmannsfamilie von Textilfabrikanten und Tierhäutehändlern, die die Lederindustrie belieferten. Otto Hölterhoff, der als Kirchmeister bei der evangelischen Gemeinde in Honnef tätig war, war von seiner schon 1884 kinderlos verstorbenen Frau Elly, der jüngsten Tochter des Bonner Universitätsprofessors Eduard Böcking, dazu ermutigt worden, eine Stiftung mit zwei einander ergänzenden Aufgaben ins Leben zu rufen.

Bei der Stiftung sollte es sich um ein Heim für zwölf Damen der höheren Stände evangelischer Konfession und gleichzeitig um eine Haushaltungsschule für Mädchen aus dem Volk aller christlichen Konfessionen handeln. Die Stiftsdamen waren als Lehrerinnen für die Schule vorgesehen. Sie sollten aus dem Kreis der Universität Bonn oder ähnlich gehobenem Stand kommen, nicht adlig, nicht unter dreißig oder über vierzig Jahre alt, unverheiratet und möglichst bedürftig sein. Ein Teil des Vermögens sollte zum Bau der Stiftsgebäude verwandt werden und der andere Teil so anzulegen sein, dass mit dem Gewinn die Stiftung unterhalten werden könne [1]. Mit einem Aufwand von einer halben Million Mark wurde der Gebäudekomplex auf einem von Otto Hölterhoff dazu bestimmten Grundstück an der Ecke Hauptstraße und Meßbeuel [2] errichtet.

1) Südwestansicht des Haupt- und des Schulgebäudes um 1907. (EHB-Stiftung)

1) Manor house and school building; view from the south-west. Ca.1907 (EHB Foundation)

Das laut Testament für die Verwaltung der Stiftung verantwortliche Kuratorium übergab, nachdem sich das in Hypotheken angelegte Vermögen infolge der Inflation 1918 bis 1923 stark verringert hatte, die Verwaltung des restlichen Stiftsvermögens und des Stifts von 1929 bis 1947 an den „Verein für Bildung und Beschäftigung evangelischer Diakonissen in Kaiserswerth" bei Düsseldorf. Man hoffte, durch eine straffere Verwaltung und eine durch den Verein in Aussicht gestellte stärkere Belegung der Schule, die Stiftung aufrecht zu erhalten. Wegen der sinkenden Schülerinnenzahl konnte die Schule jedoch ab dem 1. April 1940 nicht mehr weitergeführt werden und die Gebäude wurden als Altersruheheim für Personen, die der Universität nahestanden, genutzt.

Um das weitere Bestehen der Stiftung sicherzustellen, war 1942 eine zusätzliche Nutzung durch die Einrichtung eines Weinbauinstituts der Landwirtschaftlichen Fakultät der Universität geplant. Doch Kriegsschäden und die Besetzung des Gebäudes durch die Wehrmacht verhinderten dies. In Teilen des Haupthauses und im Schulhaus wurden Flüchtlinge und ein evakuierter Gewerbebetrieb untergebracht. Gleichzeitig begann man mit den Instandsetzungsarbeiten, vor allem am Dach des Haupthauses. Die Nutzung als Altersruheheim konnte schließlich im kleineren Rahmen weitergeführt werden. Die restlichen Stiftsdamen haben kontinuierlich, bis zum Tod der letzten im Jahr 1984, in den Gebäuden gewohnt.

Um die Stiftung aufrecht zu erhalten, mussten die von Otto Hölterhoff persönlich aufgestellten Statuten am 17. Juli 1947 und am 1. Januar 1966 aufgrund der veränderten wirtschaftlichen und sozialen Lage durch neue, von der Universität verfasste Satzungen ersetzt werden [3]. Nachdem ab Mitte der 1960er Jahre trotz zusätzlicher Nutzung des

2) Konkurrenzentwurf „Quod bonum..." (2. Platz), 1902 von K. Wille entworfen. (EHB-Stiftung)

3) Konkurrenzentwurf „Friede" (3. Platz), 1902 von E. Rang und A. Silbersdorf entworfen. (EHB-Stiftung)

4) Konkurrenzentwurf „Elly" (Ankauf), 1902 von J. Seiffert aus Köln entworfen. (EHB-Stiftung)

5) Siegerentwurf „Letzte Rose", Farbzeichnung des Stiftsgebäudes mit Schulhaus, 1902 von G. Jänicke entworfen. (EHB-Stiftung)

2) Competitive project "Quod bonum...", (2nd place), drafted by K. Wille, in 1902. (EHB Foundation)

3) Competitive project "Friede" ("Peace"), (3rd place), drafted by E. Rang and A. Silbersdorf, in 1902. (EHB Foundation)

4) Competitive project "Elly" (purchased), drafted by J. Seiffert, Cologne, in 1902. (EHB Foundation)

5) The winnning project "Letzte Rose" ("Last Rose"), coloured drawing of the manor house with school building, drafted by G. Jänicke, in 1902. (EHB Foundation)

Haupthauses durch das Akademische Auslandsamt die erforderlichen Mittel nicht zusammenkamen und die Erträge aus der Vergabe an Erbbaurechten für die bisher unbebauten Teile des Grundstücks ausgeschöpft waren, forderte der damalige Finanzminister von Nordrhein-Westfalen die Universität im Dezember 1974 und im März 1975 auf, die Stiftung aufzulösen und die Bauten zu verkaufen [3].

Eine positive Wendung nahm die Angelegenheit, als Vertreter der Deutschen Physikalischen Gesellschaft ihre Liebe zu den Gebäuden entdeckten. Im Jahr 1976 wurde ein Physikzentrum, das heißt ein Diskussions- und Tagungszentrum, in den Gebäuden der Elly-Hölterhoff-Böcking-Stiftung eingerichtet, das zunächst von einer „Gesellschaft für Physikalische Forschung und Naturwissenschaftlich-technische Weiterbildung e. V." als Rechtsträger betreut wurde.

Im Jahr 1986 wurde ein Nutzungsvertrag ausgehandelt, in dem die Deutsche Physikalische Gesellschaft, die seit 1977 ihren Geschäftssitz in dem Gebäudekomplex hat, die neue Rechtsträgerschaft des Physikzentrums übernimmt. Eigentümerin ist weiterhin die Universität Bonn. Ein Physikprofessor der Universität ist der Wissenschaftliche Leiter des Physikzentrums, während ein hauptamtlicher Wissenschaftlicher Sekretär die wissen-

Preis erhielt der Entwurf „Letzte Rose" von Gustav Jänicke (1870-1949) aus Berlin-Schöneberg (Abb. 5). Mit dem zweiten wurde „Quod bonum faustum felix fortunatumque sit", von Konstantin Wille aus Köln angefertigt, ausgezeichnet (Abb. 2). Den dritten Preis bekam der Plan „Friede" von Ernst Rang und Arnold Silbersdorf aus Berlin-Schöneberg (Abb. 3). Zum Ankauf empfahl das Preisgericht den Entwurf „Elly" von Johannes Seiffert aus Köln (Abb. 4).

Der Siegerentwurf „Letzte Rose" zeigt einen L-förmigen Grundriss des Haupthauses, der aus zwei im rechten Winkel zueinander gestellten Langachsen besteht (Abb. 8 u. 9). In der südlichen Verlängerung wird auf den rechteckigen Grundriss eines kleineren Hauses Bezug genommen, welches mit dem Hauptgebäude durch einen gerade verlaufenden Gang verbunden ist.

schaftlichen Tagungen organisiert. Gemeinsam mit dem Hauswirtschaftsleiter legt er den Einsatz des Hauspersonals fest, das von der Universität Bonn gestellt wird. Die Aufsicht über das Physikzentrum hat ein Kuratorium, dem der Rektor und der Kanzler der Universität Bonn sowie jeweils zwei Vertreter der Deutschen Physikalischen Gesellschaft und des Ministeriums für Wissenschaft und Forschung als stimmberechtigte Mitglieder angehören. Seit 1991 hat das Zentrum einen eigenen Titel im Haushalt des Landes Nordrhein-Westfalen, das zurzeit etwa ein Drittel der anfallenden Kosten übernimmt. Der Rest wird durch Tagungseinnahmen des Physikzentrums gedeckt.

Die Gebäude der Stiftung

Nachdem die Universität Bonn das Erbe von Otto Hölterhoff angetreten hatte, schrieb das Kuratorium der Stiftung im März 1902 einen Architektenwettbewerb aus: „Preisausschreiben zur Erlangung von Entwürfen für ein Stiftsgebäude nebst Küchen- und Gärtnerhaus der Elly-Hölterhoff-Böcking-Stiftung". In dem von der Universität herausgegebenen Gutachten wird von 64 rechtzeitig eingegangenen Entwürfen berichtet. Davon wurden vierzehn Arbeiten in die engere Wahl genommen. Den ersten

Lobend erwähnte das Preisgericht, dass sich auf der Nordseite mit Blick zum Drachenfels der Musik- und der Arbeitssaal befänden sowie geschützte Aussichtshallen in allen Geschossen angebracht seien. Ferner wurden die Gesamtanordnung des Grundrisses sowie die Raumverteilung des Küchengebäudes positiv bewertet. Nur der überdachte Gang sollte nach Meinung des Preisgerichts etwas kürzer gehalten werden. Die Architektur sei in hohem Grade künstlerisch gestaltet und reich an höchst reizvollen Einzelheiten, so dass das Gebäude dem Charakter eines behaglichen, gut ausgestatteten Heims entspräche. Dies würde ohne kostspielige Hilfsmittel mit geschickter Gliederung der Baumassen und maßvoller Verwendung von Zierformen erreicht.

Nachdem sich das Preisgericht und das Kuratorium unter Maßgabe der Durchführung einiger Abänderungen für den Entwurf „Letzte Rose" entschieden hatten, wurde dessen Planer, der Architekt Gustav Jänicke, mit der Neuanfertigung der Pläne beauftragt. Das Kuratorium bat ihn, sich an

6

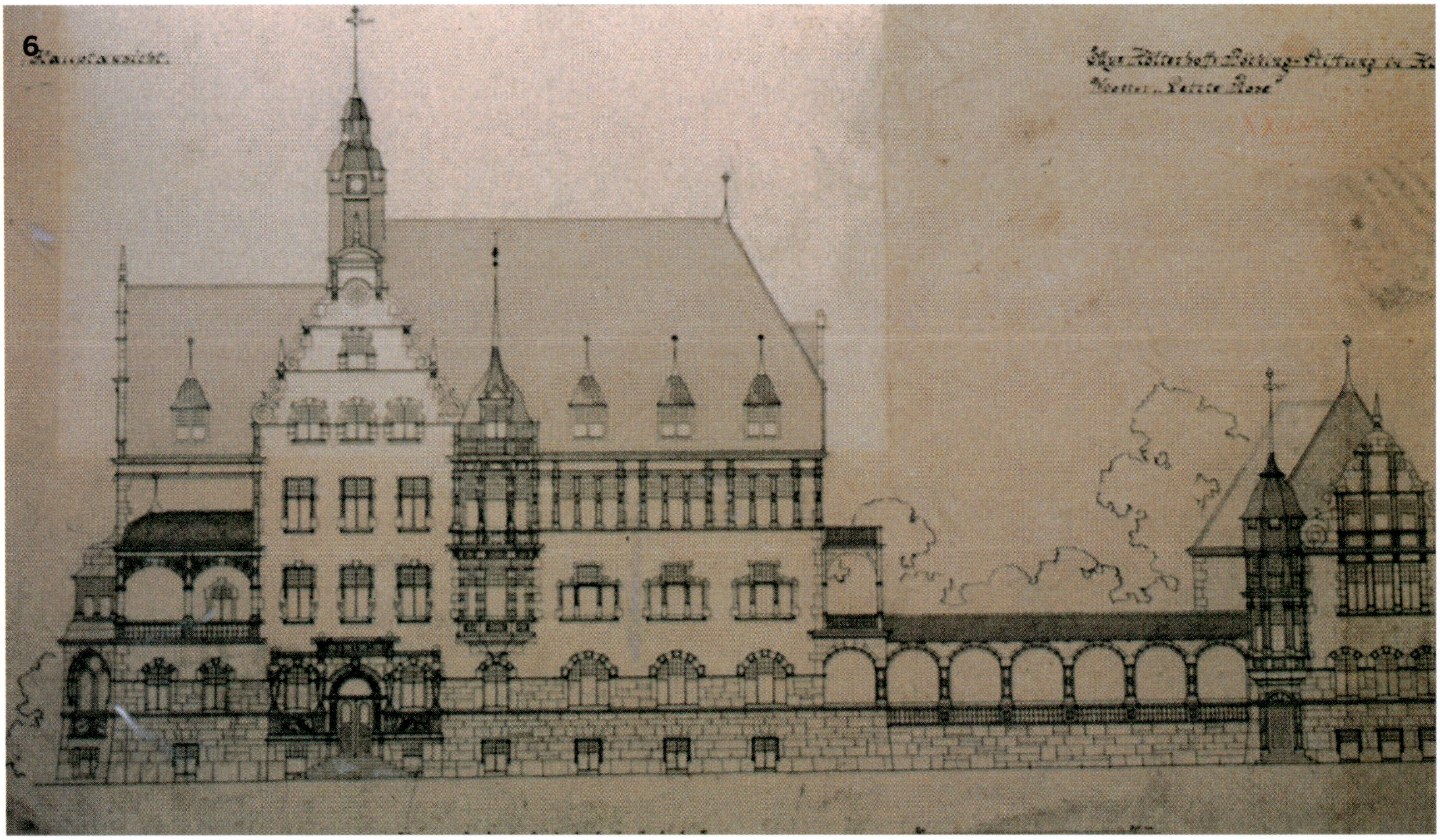

7

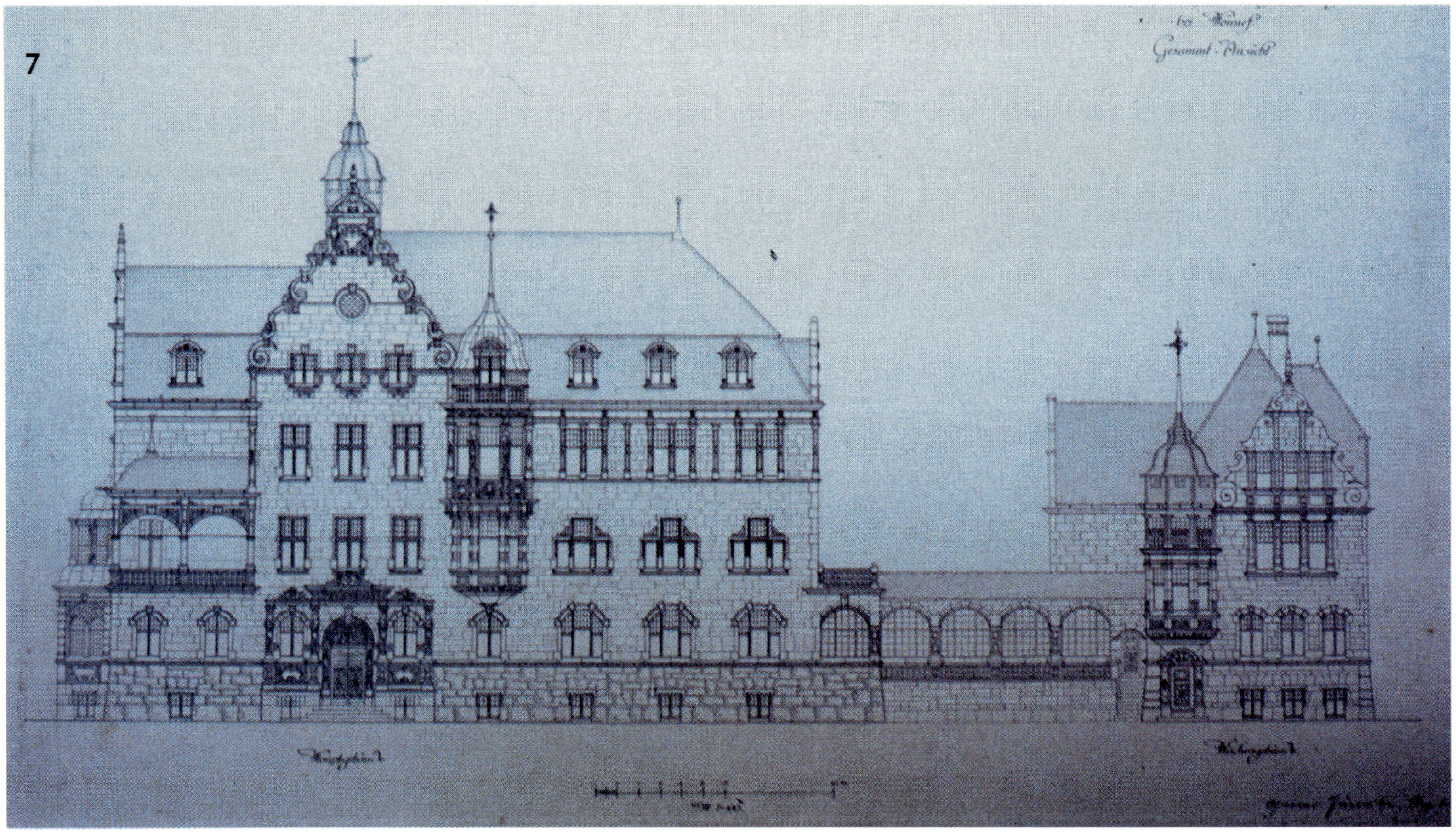

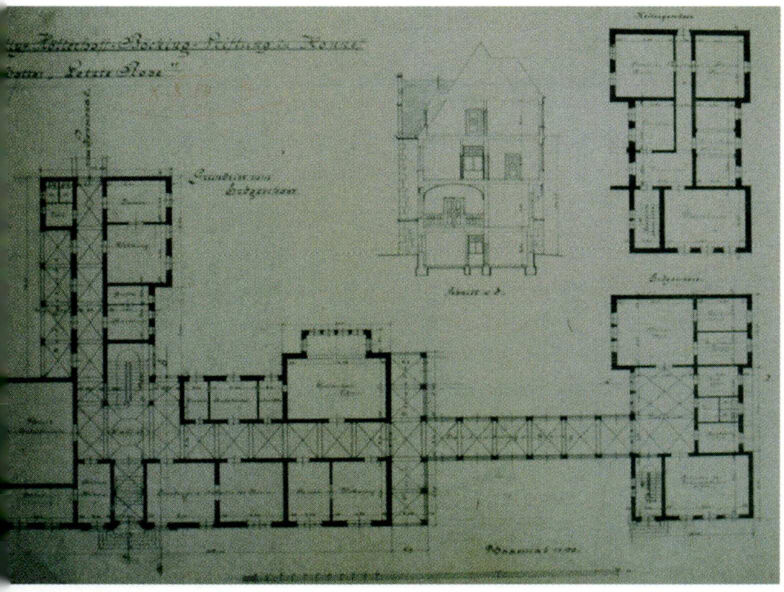

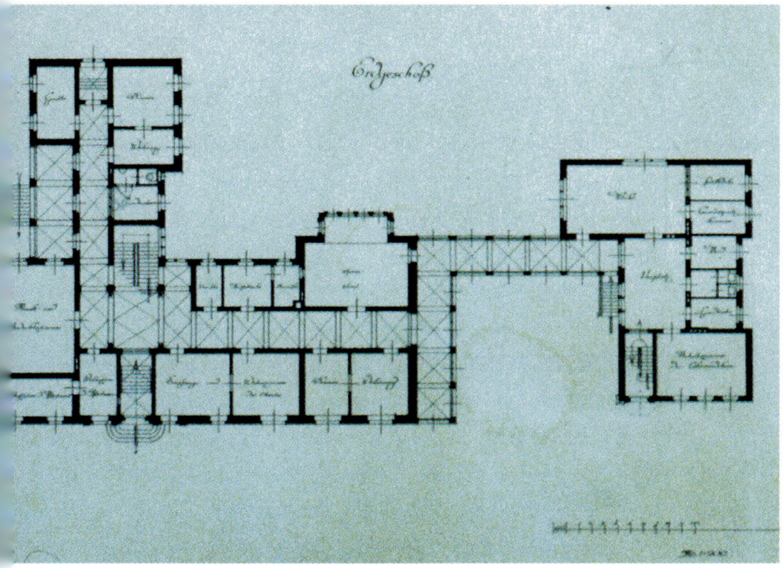

der Dachform des Entwurfs „Friede“ zu orientieren. Die obere Bauleitung sollte der als Universitätsarchitekt tätige königliche Baurat Robert Schulze (1853-1942), der auch ein Mitglied des Preisgerichts war, übernehmen. Für die örtliche Bauausführung wurden ortsansässige Architekten, wie die Firma Stein und Happ aus Honnef, bevorzugt.

Sowohl aus pragmatischen als auch aus finanziellen Erwägungen erfolgten viele Veränderungen des Wettbewerbsentwurfs. So wurde z. B. das Dach des Westflügels verkleinert. Jänicke lieferte nun nach entsprechenden Vorgaben die neuen Pläne der Grundrisse und Fassaden, die Baurat Schulze genehmigen musste. In dem endgültigen Entwurf ist ein Dachreiter aufgesetzt, der niedrigere Maße als der des Wettbewerbsentwurfs besitzt (vergleiche Abb. 6 und Abb. 7).

Nachdem die Baugenehmigung im Frühjahr 1904 erteilt worden war, fand am Abend des 2. August die feierliche Grundsteinlegung statt, bei der eine Bauzeit von zwei Jahren veranschlagt wurde. Jedoch erst am 20. Dezember 1906 erfolgte schließlich die Einweihung der Elly-Hölterhoff-Böcking-Stiftung. Das Hauptgebäude mit dem südlich angeschlossenen Küchengebäude wurde mit der repräsentativen Westfassade parallel und etwas zurückversetzt zur begrenzenden Hauptstraße errichtet. Am 21. Dezember 1906 erwähnte die Bonner Zeitung lobend einen vornehmen Bau aus rotem Sand- und Tuffstein.

6) Siegerentwurf „Letzte Rose“, Aufriss der Westfassaden des Hauptgebäudes und des Schulhauses, 1902 von G. Jänicke entworfen.

7) Endgültiger Entwurf der Westfassaden des Hauptgebäudes und des Schulhauses; G. Jänicke, 1904.

8) Siegerentwurf „Letzte Rose“, Grundriss EG des Hauptgebäudes und des Schulhauses, 1902 von G. Jänicke entworfen.

9) Endgültiger Entwurf des Grundrisses des Hauptgebäudes und des Schulhauses; G. Jänicke, 1904.

(6 - 9: Archiv Bau- und Liegenschaftsbetrieb NRW)

6) Winning project "Letzte Rose", outline of the western facade of the manor house with school building, drafted by G. Jänicke, in 1902.

7) Final draft, by G. Jänicke in 1904, of the western facade of the manor house and the school building.

8) Winning project "Letzte Rose", ground plan of the 1st floor of the manor house and the school building, drafted by G. Jänicke, in 1902.

9) Manor house and school building: final blueprint of the ground plan, drafted by G. Jänicke, in 1904.

(6 - 9: Archive Bau- und Liegenschaftsbetrieb)

10

11

12

10) Nordwestansicht des Hauptgebäudes um 1907. ([4])

11) Torbogen der Einfahrt auf der Nordwestecke, konzipiert von O. Stein und J. F. Happ, errichtet ca. 1906. (Privatfoto)

12) Nordostansicht des Hauptgebäudes und des Schulhauses mit Erweiterungsbau um 1920.

13) Südostansicht des Hauptgebäudes und des Schulhauses mit Erweiterungsbau um 1915.
(12 - 13: EHB-Stiftung**)**

13

10) The manor house; view from north-west. Ca. 1907. ([4])

11) Northwestern corner; archway to the entrance, designed by O. Stein and J. F. Happ built ca. 1906. (Photo: Private)

12) Manor house and school building with annex; view from the north-east. Ca. 1920.

13) Manor house and school building with annex; view from the south-east. Ca. 1915.
(12 - 13: EHB Foundation**)**

Südöstlich vom Schulgebäude wurde das Gärtnerhaus erbaut. Ein Gärtner war damals notwendig, da die Stiftshäuser in einen Park integriert wurden, in dem unter anderem exotische Bäume wie Libanonzeder, Atlaszeder und Mammutbaum gepflanzt wurden. Zeitgleich mit den anderen Bauten sind ein heute nicht mehr vorhandenes Stallgebäude und ein Gewächshaus errichtet sowie ein großer Obst- und Gemüsegarten im nordöstlichen Teil des Grundstücks angelegt worden.

Die heutigen Bauten der Elly-Hölterhoff-Böcking-Stiftung bestehen aus dem ehemaligen Gebäude der Stiftsdamen, das durch einen Verbindungsgang mit dem einst als Schulhaus genutzten Nebengebäude nebst Erweiterungsbau verbunden ist, sowie dem dazugehörigen ehemaligen Gärtnerhaus. Die Außenverkleidung des Haupt- und Nebenhauses ist bis auf das mit grauer Rustika ausgestaltete Sockelgeschoss in hellem Werkstein ausgeführt. Die Gliederungselemente sowie Rahmungen, Verzierungen, Vorbauten, die Loggien des ersten Obergeschosses und die Erker sind in rotem Werkstein gearbeitet.

Bemerkenswert ist die lebendige Außengliederung der Bauten im Gegensatz zur klaren Struktur im Innern. Das dreigeschossige Haupthaus erhebt sich über einem Sockelgeschoss und schließt mit einem ausgebauten Mansarddach ab. Das zweigeschossige Nebenhaus weist den gleichen Aufbau auf. Die Einfriedung des Grundstücks bildet auf der West- und Nordseite ein Stabkunstschmiedegitter mit stilisierten Ranken. Das an der Nordwestecke befindliche Haupteingangstor (Abb.11) aus rotem Werkstein ist mit Roll- und Schweifwerk bekrönt. Die zum größten Teil noch im Originalzustand erhaltene prächtige Innenausstattung zeichnet sich durch ihre kunstvolle Verarbeitung aus (s. Abb. folgende Seiten).

Der 1908 bis 1909 errichtete Erweiterungsbau des Schulgebäudes ist sehr wahrscheinlich von Baurat Schulze konzipiert worden. Die Korridore wurden in den einzelnen Etagen nach Osten verlängert und es entstanden beidseitig neue Zimmer. Im Dachgeschoss erstreckte sich eine Turnhalle über die gesamte Breite. Nach 1945 wurde das Dachgeschoss des Haupthauses instand gesetzt. Ein Teil der Südveranda und die Nordloggia im Erdgeschoss sind jeweils zu einem Zimmer umgebaut worden. Dabei hat man die Freitreppe vor der Nordloggia entfernt. Im Schulhaus erfolgte der Ausbau des Dachgeschosses im Bereich der ehemaligen Turnhalle. Die in dieser Zeit vermauerten Ostfenster der Veranda des Erweiterungsbaus sowie die meisten Fenster des Verbindungsgangs wurden 1993 wieder geöffnet. In den 1960er Jahren wurde die Decke der ehemaligen Küche mit dahinter liegendem Raum abgehängt und zum Speise- und Frühstückszimmer umfunktioniert. Der bunte Fliesenfußboden erfuhr dabei eine Abdeckung mit Linoleum. Im Jahr 2005 erfolgte eine Rückführung in den ursprünglichen Zustand, indem die Decken und Fenster wieder auf ihre ursprüngliche Höhe gebracht und der Fußboden vom Linoleum befreit wurde. Auch das ehemalige Gärtnerhaus ist mittlerweile nach alten Vorbildern sehr geschmackvoll wiederhergestellt worden. Die Verbindungstüren der ehemaligen Damenwohnungen wurden teilweise vermauert. In der Zeit von 1975 bis 1980 erfolgten der Ausbau zu zwei Hörsälen im Obergeschoss des Schulhauses sowie die Umgestaltung der Nordwestloggia in eine Veranda.

Nachdem alle Gebäude bis auf das Gärtnerhaus Anfang der 1980er Jahre samt Umwehrungsmauern und Torbogen unter Denkmalschutz gestellt worden waren, ist eine umfassende Instandsetzung der Außenhaut aller Teile sowie eine Neudeckung der Dächer mit Schiefer durchgeführt worden. Das separate Stallgebäude wurde damals entfernt. Ab 1992 erfolgte eine Neuinstallation von sanitären Anlagen sowie Umbauten des Keller- und Dachgeschosses. Seit dieser Zeit werden nach und nach auch die zum Teil noch originalen Holzfenster erneuert. Weitere Umbauten mit sanitären Anlagen sind in Planung.

Im Jahr 2003 erfolgte ein größerer Einbau, indem ein in den Erdboden eingelassener rechteckiger Hörsaal mit grasbewachsenem Dach im Bereich des Innenhofs eingefügt worden ist (s. Beitrag von D. Scheven). Dieser neue geräumige Hörsaal, der mit dem Altbau durch ein gläsernes Foyer verbunden ist, wurde von den Architekten Ollertz & Ollertz aus Fulda konzipiert.

Obwohl die Gebäude der Elly-Hölterhoff-Böcking-Stiftung Anfang des 20. Jahrhunderts

erbaut worden sind, gehören sie stilistisch zum 19. Jahrhundert, das in der Kunstwissenschaft durch zwei einschneidende politische Ereignisse begrenzt wird: durch die Französische Revolution im Jahr 1789 und durch den Ausbruch des Ersten Weltkriegs im Jahr 1914. Diese Epoche, deren Stil zusammenfassend als „Historismus" bezeichnet wird, ist dadurch gekennzeichnet, dass bewusst und schöpferisch auf historische Epochen zurückgegriffen wird. Die einfachere Gestaltung der ersten Jahrhunderthälfte wird dabei von einer reicheren in der zweiten Hälfte abgelöst [5]. Die Hauptansicht der hier behandelten Gebäude bildet die Westfassade des Stiftsgebäudes. Trotz der unregelmäßigen Gliederung des Äußeren zeigt das Gebäude in seinem Innern einen klaren und regelmäßigen Zuschnitt. Dies gilt als ein entscheidendes Stilelement des 19. Jahrhunderts. Ausgehend von dem in der Mitte liegenden Treppenhaus verlaufen zwei Korridore, von denen die einzelnen Zimmer abzweigen, eine bei öffentlichen Gebäuden häufig anzutreffende Grundrissform. Die winkelförmige Grundgestalt des Baus ist auf die örtlichen Gegebenheiten und Vorgaben des Kuratoriums zurückzuführen.

Gustav Jänicke verwendete Formen der Neurenaissance deutscher Ausprägung und deren Ausformung im Übergang zum Barock. Die auf einem rational-klassizistischen Grundgerüst basierende Architektur des 19. Jahrhunderts bildete eine Ausprägung in Form der Neurenaissance, die sich zuerst an dem Formenrepertoire der italienischen Frührenaissance orientierte. In der zweiten Hälfte des 19. Jahrhunderts entwickelte sie sich unter dem Einfluss der italienischen Hochrenaissance und den (Dach-)Gliederungen der französischen und deutschen Renaissance zu einer vielfältigeren Formensprache, die den Übergang zum Neubarock leistete [6]. Bekannte Beispiele für die Neurenaissance und ihre späte Phase, mit denen Gustav Jänicke in Berlin konfrontiert war, sind der von 1884 bis 1894 erbaute Reichstag von Paul Wallot und der von 1894 bis 1905 errichtete Dom von Julius Raschdorff.

Für bestimmte öffentliche Gebäudetypen ist häufig die Formensprache der italienischen Renaissance als gestaltendes Vorbild verwendet worden, z. B. für Banken, Kunstmuseen und Theater, während das Repertoire der deutschen Renaissance unter anderem für Schulen und Postämter bevorzugt wurde. Als mögliche Vorbilder des Entwurfs „Letzte Rose" könnten um 1900 in Berlin errichtete öffentliche Gebäude mit der Formensprache der deutschen Renaissance gedient haben, wie die Gemeindeschule in der Glogauer Straße und die Alexander-Kaserne am Kupfergraben. Der betont malerische Charakter des Stiftshauses mit der aufgelockerten Fassadengestaltung hat seine Vorbilder in dem Ende des 19. Jahrhunderts praktizierten Villen- und Schlossbau. In der Ausschreibung zu dem Entwurf wurde auch die Darstellung einer den besseren Ständen entsprechenden behaglichen Wohnung verlangt.

Die Gebäude der Elly-Hölterhoff-Böcking-Stiftung sind ein sehr interessantes historisches Bauzeugnis, dessen Erhalt dank der Einrichtung des Physikzentrums gesichert ist. Auch wenn einige Umbauten den originalen Charakter angegriffen haben, so sind doch die Gebäude in einen lebendigen Nutzungsprozess eingegliedert und entsprechen ihren Bestimmungen. Es wäre erwägenswert, auch das Gärtnerhaus unter Denkmalschutz zu stellen und die zum Teil noch originalen Holzfenster der beiden anderen Bauten zu erhalten. Das wundervolle Ambiente des Gebäudeensembles wird von den meisten Besuchern und Gästen sehr geschätzt, nicht zuletzt weil die Kunst des 19. Jahrhunderts mit wachsendem zeitlichen Abstand zunehmend Anklang findet.

Dieser Aufsatz basiert auf einer Magisterarbeit mit dem Titel „Die Gebäude der Elly-Hölterhoff-Böcking-Stiftung in Bad Honnef", die im Jahr 2002 an der Rheinischen Friedrich-Wilhelms-Universität zu Bonn bei Prof. Dr. Hiltrud Kier und Prof. Dr. Barbara Schock-Werner vorgelegt wurde.
Für die hilfreiche Unterstützung während der Erstellung meiner Magisterarbeit möchte ich vor allem Herrn Dr. Joachim Debrus und Frau Gloria Kamphausen danken.

Anmerkungen

[1] V. Darius u. a.: Bad Honnef. Stadtentwicklung und Stadtstruktur. Köln 1979 (Arbeitshefte LK Rheinland, Bd. 26). S. 101.
[2] Diese Straßenbezeichnung geht nach Aussage von Dr. Karl Werber aus Bad Honnef auf eine so genannte „Mistbeule" zurück, ein Ort, an dem man früher Mist ablud.
[3] Zwanzig Jahre Physikzentrum Bad Honnef. Festschrift. Hrsg. Gert Eilenberger und Siegfried Methfessel. Bad Honnef 1996. S. 72.
[4] V. Darius u. a. [1], S. 102, Abb. 128.
[5] Hiltrud Kier: Architektur und Städtebau im 19. Jahrhundert. In: Kunsthistorische Arbeitsblätter, 2, 2001, S. 5-16 (inklusive Arbeitskarten). Hier S. 5, 8 u. 10.
[6] Ebd., s. Arbeitskarte I.

The Buildings of the EHB Foundation

(Summary)

Otto Hölterhoff, married to Elisabeth Böcking, the daughter of Professor Eduard Böcking in Bonn, had no children and when he died in 1899 he willed his legacy to the University of Bonn. He made the condition to establish a foundation to build a home for upper class ladies lacking a safe financial background. A school building should belong to the home, where these ladies were to teach domestic sciences to young working class girls. Following Otto Hölterhoff's will, the board of the foundation launched a competition of the Elly Hölterhoff-Böcking Foundation to obtain projects for a house with an adjoining kitchen building and a separate lodge for the gardener. The winning project "Letzte Rose" ("Last Rose") of the Berlin architect Gustav Jänicke was, in some parts, modified and in 1904 - 1906 it was built by the architects Stein und Happ from Bad Honnef. The construction was supervised by Robert Schulze, architect and building official of the university in Bonn. They built a two-winged manor-house with a one-storied connecting passage leading to the adjacent school building, and a gardener's lodge. From 1908 - 1909, an annex was added to the school building. During the buildings' multi-faceted history their outside underwent hardly any visible change.

Today they are used as a center for meetings and educational events of the Deutsche Physikalische Gesellschaft. They are built in the so called historism style. The ground plan of the manor house is typical for a public building, with the individual rooms opening into a corridor. Jänicke designed the outside in the style of the German renaissance era and its characteristics in the transition to the baroque era.

The buildings are a most interesting historical evidence in architecture, and their maintenance is ensured thanks to the Physikzentrum being established there. Most visitors and guests enjoy the marvellous ambience of the houses and their surrounding, maybe as, with time passing, the art of the 19th century is more and more appreciated.

ASTE Observations of the Galactic Center:
Wilhelm und Else Heraeus Hörsaal
Ministerium für Wissenschaft und Forschung
VolkswagenStiftung
Deutsche Physikalische Gesellschaft e.V.

Der neue Hörsaal

Moderne Kommunikationstechnik zieht ein

Dieter Scheven

Ende der neunziger Jahre erlebte das bis dahin gut ausgelastete Physikzentrum einen Rückgang an Tagungen und Gästen, ausgelöst u. a. durch rückläufige Studentenzahlen, Stellen- und Mittelkürzungen an Schulen und Hochschulen, Urlaubs- und Reisekostenrestriktionen. Krisensitzungen führten zu intensiven Bemühungen, die Attraktivität des Hauses zu steigern. Zwei Lösungsvorschläge standen sich gegenüber: entweder die Gästezimmer und den Service oder die wissenschaftliche Infrastruktur des Hauses zu verbessern. Es stand jedoch fest, dass beides nicht ohne erhebliche Finanzhilfe von außen möglich war, denn die Eigentümerin, die Elly-Hölterhoff-Böcking-Stiftung, konnte den Modernisierungsschub nicht leisten. Die Ansichten im Kuratorium und in der DPG waren geteilt. Schließlich setzte sich die Meinung durch, dass die wissenschaftliche Ausstattung Vorrang haben müsse. Für die Wissenschaftler waren gute Arbeitsbedingungen vorerst wichtiger als persönlicher Komfort.

Mittelpunkt der Erneuerung war ein neuer Hörsaal. Zwar war der alte wiederholt renoviert, mit moderner Klimaanlage und Sonnenschutz ausgestattet worden. Jedoch bei großen Veranstaltungen, besonders beim jährlich stattfindenden „Tag der DPG", waren drangvolle Enge, schlechte Sichtbedingungen und das Fehlen zeitgemäßer Kommunikationstechnik nicht zu übersehen. Da legte Dr. Joachim Debrus, damaliger Wissenschaftlicher Sekretär des Physikzentrums, eine Ideenskizze für einen Neubau im Park auf den Tisch, die sofort begeisterte. Das Wissenschaftsministerium NRW, das sich immer großzügig gegenüber dem Physikzentrum gezeigt hatte, konnte von der Notwendigkeit des Vorhabens überzeugt werden und sagte einen Zuschuss von 1 Mio. DM zu. Daraufhin konnten auch

1

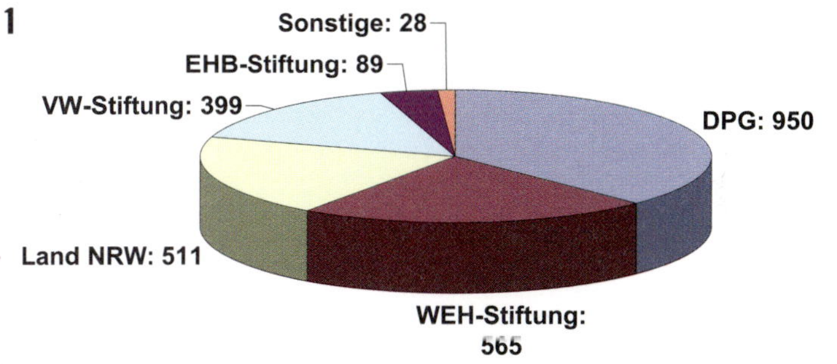

1) Beitrag der verschiedenen Geldgeber zu den Baukosten des neuen Hörsaals (Angaben in 1 000 ¤). (Physikzentrum)

1) Respective contributions to the building costs of the new lecture hall (in 1 000 ¤). (Physikzentrum)

die DPG und die Wilhelm und Else Heraeus-Stiftung zu einer Beteiligung in jeweils gleicher Höhe gewonnen werden. Die DPG als Trägerin des Physikzentrums trat im Einvernehmen mit der Elly-Hölterhoff-Böcking-Stiftung, der Grundstückseigentümerin, als Bauherrin auf. Die Verantwortung für den Bau und die Einhaltung des Finanzrahmens wurde dem damaligen Hauptgeschäftsführer der DPG, Dr. Volker Häselbarth, übertragen.

Der Bauauftrag erging an das Architektenbüro Ollertz & Ollertz, Fulda, das sich schon bei der Renovierung anderer denkmalswerter Gebäude wie des Magnus-Hauses in Berlin (s. Beitrag von G. Kaindl), des anderen Hauses der Physik, bewährt hatte. Die Fuldaer Architekten legten einen überzeugenden Entwurf vor, der vor allem das heikle Problem der Verbindung des Neubaus mit dem Altbau durch ein Foyer in kühner Glaskonstruktion löste. Auch für die innere und äußere Gestaltung des Hörsaals, insbesondere für bequeme, behindertengerechte Zu- und Abgänge und gute Sichtbedingungen, sowie für das Einfügen in das Parkgelände machten die Architekten überzeugende Vorschläge. In einem Bauausschuss wurden grundsätzliche Fragen der Bauausführung zusammen mit den Architekten behandelt.

Doch gleich zu Baubeginn traten unerwartete Schwierigkeiten auf: die Kanalisation musste in großen Teilen mit erheblichem Arbeits- und Kostenaufwand erneuert werden. Die Mehrkosten trug die Elly-Hölterhoff-Böcking-Stiftung als Eigentümerin, doch der Zeitverlust war nicht mehr aufzuholen. In der Folgezeit verlief der Bau indes programmgemäß. Weitere unvorhersehbare Kosten hielt Dr. Häselbarth mit strenger Hand in vertretbarem Rahmen. Dennoch musste die DPG um eine Nachbewilligung gebeten werden, mit der sich ihr Anteil an den Baukosten fast verdoppelte.

Eine besondere Herausforderung für die Bauherrin stellte die medientechnische Ausstattung des Hörsaals dar, begleitet von entsprechenden

Neuerungen im übrigen Gebäude. Die Planung musste berücksichtigen, dass die Referenten heutzutage ihr Material überwiegend computergespeichert im Laptop mitbringen und es mithilfe eines Beamers präsentieren wollen. Auch lässt die Breitbandvernetzung es zu, dass Beiträge oder ganze Referate von außen eingebracht werden. Es musste sichergestellt werden, dass der Verlauf von Veranstaltungen, das Lehrmaterial, sowie Datenbestände und Verwaltungsvorgänge elektronisch gespeichert werden können. Schließlich galt es, im Haus alle Gästeräume möglichst drahtlos durch Funk und mit Laptopanschlüssen zu vernetzen. Die anspruchsvolle technische Planung hierfür wurde der Firma Rauschenberg, Burghausen-Steinberg, übertragen. Sie begleitete das Bauvorhaben von Anfang an. Für die Finanzierung konnte die Volkswagen-Stiftung davon überzeugt werden, dass die Medientechnik nicht nur eine große Verbesserung im Lehrbetrieb und in der Wissenschaftskommunikation bringen würde, sondern auch Modellcharakter für Hochschulen und Schulen haben könnte. Die Volkswagen-Stiftung bewilligte die erforderlichen Mittel rechtzeitig und großzügig. Damit konnten Hörsaal und Gästeräume mit einer zeitgemäßen Medientechnik ausgestattet werden.

Bei einer Kapazität von 100 Plätzen, einem Foyer für persönliche Begegnungen und für Präsentationen, begleitend zu den Vorträgen, sowie der medientechnischen Ausrüstung wird der Hörsaal höchsten Anforderungen an eine moderne wissenschaftliche Tagungsstätte gerecht. Pünktlich zum „Tag der DPG" 2003 konnte er eingeweiht werden. Vertreter der Landesregierung, der DPG, der Wilhelm und Else Heraeus-Stiftung, der Volkswagen-Stiftung, der Universität Bonn und der Stadt Bad Honnef nahmen teil und würdigten das Ergebnis der zweijährigen Arbeit. Seitdem wird der Hörsaal intensiv genutzt und trägt entscheidend zum erheblichen Anstieg der Auslastung des Hauses bei. Aus der Krise um die Jahrtausendwende ist das Physikzentrum mit einem zukunftsträchtigen neuen Profil hervorgegangen.

The New Lecture Hall – Modern Communication Technology Moves in

(Summary)

Towards the end of the nineties the Physikzentrum – more or less used to its capacity so far – suffered a decrease in meetings and guests, triggered by a declining number of students and a cutback of positions and financial means at schools and universities. To enhance the attractiveness of the house it was decided to upgrade its scientific equipment.

Key element of the modernization was a new lecture hall in the park of the Physikzentrum. The North Rhine-Westphalian Ministry of Science agreed on a grant of 1 million Deutsche Mark. Then the DPG and the Wilhelm und Else Heraeus Foundation were gained as sponsors, too, each of them with the same amount. In consultation with the Elly Hölterhoff-Böcking Foundation the DPG, supporting organisation of the Physikzentrum, acted as building owner.

The architects Ollertz & Ollertz, Fulda, were contracted to build the hall. They had presented a convincing draft, with a particular solution for the tricky problem of how to join the old building to the new one: they planned a foyer with a keen glass construction. The architects had also convincing concepts for the outward and inward design of the lecture hall and for fitting the building into the park. The media equipment of the lecture hall was a special challenge. It had to be considered that, nowadays, speakers bring their material mostly in their laptops and want to present it with a beamer. In addition, a network had to be built among all the guest rooms in the building, preferably WLAN, and with access for laptops. The necessary financial means were granted by the Volkswagen Foundation.

With its 100 seats, a foyer for personal encounters and for presentations going with the talks, and with its media equipment, the lecture hall meets the ultimate requirements of a modern scientific meeting venue. In 2003, the lecture hall could be inaugurated on the occasion of the annual "Tag der DPG".

Planen für ein Denkmal

Vom Laserscan zur Bauplanung

Norbert Schöndeling

Denkmalschutz und Denkmalpflege haben die Aufgabe, historische Gebäude als Zeugnisse der Geschichte für zukünftige Generationen zu bewahren. So wie eine Urkunde in einem Archiv oder ein altes Buch in einer Bibliothek, überliefern Denkmäler authentische Informationen aus vergangenen Generationen.

Eine solche „Urkunde der Geschichte" stellt ohne Zweifel das Gebäude des Physikzentrums Bad Honnef dar, das in beeindruckender Weise vom sozialen Wirken der Elly-Hölterhoff-Böcking-Stiftung Zeugnis ablegt. Mit der Eintragung dieses Gebäudes in die Denkmalliste der Stadt Bad Honnef wird seine Bedeutung unterstrichen und das Interesse der Gesellschaft an seiner Erhaltung ausgesprochen. Mit der Ausweisung als Baudenkmal sind natürlich auch Auflagen verbunden. Das Gebäude gehört nun zu jenen knapp 2 % aller Gebäude, die nicht mehr nach Belieben verändert oder gar abgebrochen werden dürfen. Dabei genügt es keineswegs, nur das Bild oder den äußeren Schein eines historischen Gebäudes zu bewahren. Der Denkmalwert eines Gebäudes haftet vielmehr an seiner Originalsubstanz. So wie eine noch so perfekte Nachschöpfung (oder gar Fälschung) niemals das originale Bild ersetzen kann, ist auch Denkmalsubstanz nicht reproduzierbar. So gilt es bei jedem Denkmal, die historische Originalsubstanz zu bewahren.

Denkmalschutz ist mehr als nur die Erhaltung schöner Fassaden. Hohe Bedeutung als Baudenkmal gewinnt das Physikzentrum, weil in erstaunlich großem Umfang auch die innere Raumstruktur und die Ausstattung aus der Erbauungszeit erhalten sind. Dazu gehören nicht nur die Stuckdecken und Fußböden, sondern auch Türen, Fenster, Treppengeländer oder Heizkörper. Diese und viele weitere Einzelelemente vermitteln in ihrer Summe ein stimmiges Bild von der Ausstattung eines Gebäudes um 1900. Ausstattungen wie diese gab es in vielen großbürgerlichen Häusern, von denen aber nur wenige Objekte so vollständig und authentisch erhalten geblieben sind. Ein Grund für die großen Verluste ist sicherlich in den Zerstörungen durch den Zweiten Weltkrieg zu suchen. Viele Gebäude, zumindest deren Innenausstattung, fielen aber auch tiefgreifenden Modernisierungsmaßnahmen in den letzten Jahrzehnten zum Opfer.

Nun schützt die Aufnahme in die Denkmalliste oder die Anbringung einer Denkmalplakette ein Gebäude nicht automatisch vor Verfall und Verschleiß. Allein um die Substanz zu erhalten, bedarf es regelmäßiger Unterhaltungsmaßnahmen. Dabei lehrt die praktische Lebenserfahrung, dass ein Denkmal insbesondere immer dann eine Chance auf Erhaltung besitzt, wenn eine denkmalverträgliche Nutzung gefunden werden konnte.

Seit 30 Jahren wird das Gebäude als Physikzentrum, d. h. als Tagungshaus, genutzt. Dies ist eine Nutzung, die in sehr denkmalverträglicher Weise bisher für den Erhalt des Gebäudes mit seiner Ausstattung gesorgt hat. Nun ändern sich mit den Jahren die Anforderungen. Deutlichstes Zeichen hierfür ist der Anbau des großen Hörsaals, der ganz wesentlich dazu beiträgt, dass das Gebäude auch zukünftig seine Aufgabe als Tagungshaus erfüllen kann. Ein moderner Hörsaal allein macht aber noch nicht die Qualität und Funktionsfähigkeit eines Tagungshauses aus. Auch an die Gästezimmer werden heute andere Anforderungen gestellt, als noch vor 20 oder 30 Jahren. So verfügen gegenwärtig zahlreiche Zimmer nicht über eigenen Bäder und Toiletten. Auch fehlt bisher ein Aufzug.

Hier wird deutlicher Nachbesserungsbedarf gesehen, um das Physikzentrum auch weiterhin als attraktiven Tagungsstandort erhalten zu können. Diese Modernisierungsmaßnahmen sind jedoch mit Eingriffen in die denkmalwerte Substanz verbunden.

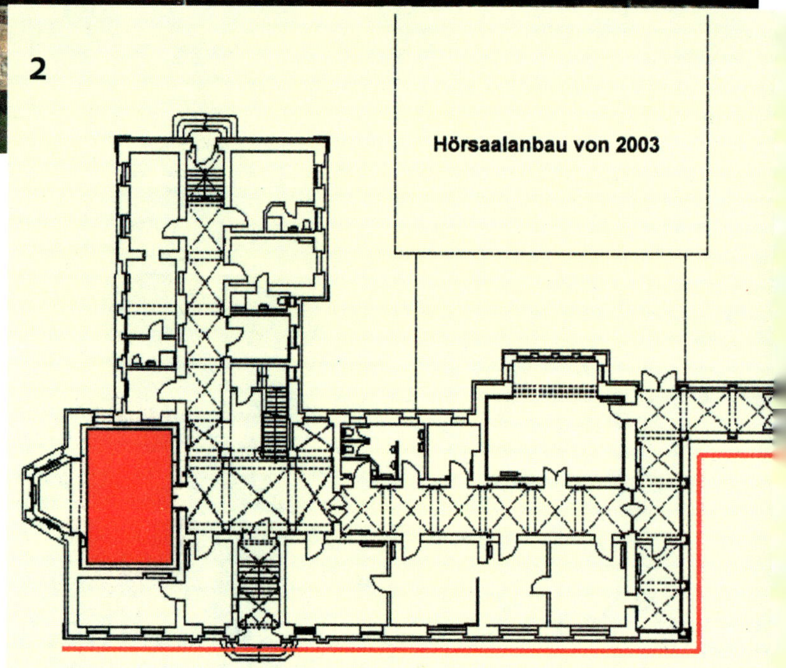

1) Westfassade des Hauptgebäudes. (FH Köln)

2) Grundriss des Erdgeschosses. Die rot markierten Ansichten bzw. Flächen wurden mit dem Laserscanner aufgenommen. (FH Köln)

1) Western facade of the manor house. (FH Köln)

2) Ground plan of the first floor. The respective views and surfaces marked red were recorded by laser scanning. (FH Köln)

Denkmalschutz bedeutet nun keineswegs, dass der Zustand eines Gebäudes eingefroren werden muss. Neben notwendigen Unterhaltungsmaßnahmen wird der Denkmalschutz auch immer wieder Eingriffe in die historische Substanz zulassen (müssen), wenn diese dem Erhalt des Gebäudes dienen. Die Aufgabe ist nun, diese nutzungsbedingten Eingriffe denkmalverträglich zu gestalten. Vor diesem Hintergrund kam es zur Zusammenarbeit zwischen der Elly-Hölterhoff-Böcking-Stiftung, dem Physikzentrum und der Fachhochschule Köln. In dem nachfolgend beschriebenen Projekt wurden die

Grundlagen für eine behutsame und denkmalverträgliche Planung geschaffen.

Wenn man zum Ziel hat, die denkmalwerte Substanz in möglichst großem Umfang zu erhalten, dann ist eine genaue Erfassung und Dokumentation Grundvoraussetzung. So stand am Beginn der Maßnahme eine Neuvermessung des Gebäudes. Zwar blieben die Entwurfspläne erhalten, aber es muss natürlich überprüft werden, ob das Gebäude tatsächlich ohne Veränderungen in Maß oder Detail auch so errichtet worden ist, wie es die Pläne zeigen. Hinzu kommen schließlich auch Veränderungen aus jüngerer Zeit, wie einzelne Abmauerungen oder Unterteilungen. Diese Vermessungen wurden von der Fakultät für Architektur durchgeführt, wobei auch verschiedene moderne Messtechniken, wie das Laserscanning, für ausgewählte Abschnitte testweise eingesetzt werden konnten (s. Beitrag von J.-M. Broser). Als Ergebnis liegen nun mittels CAD erstellte aktuelle Bauaufnahmen vor, die für alle weiteren Maßnahmen die Grundlage bilden.

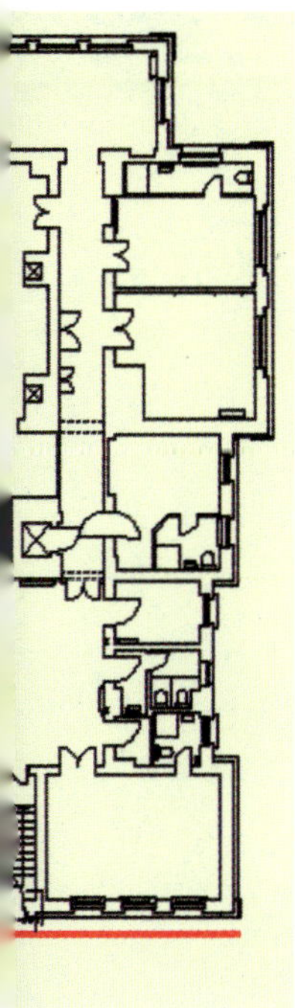

Der geplante Einbau von Badezimmern und eines Aufzugs ist mit Eingriffen in die Denkmalsubstanz verbunden (s. Beitrag von V. Kirsch). Wände und Decken müssen beispielsweise für die Rohrleitungen durchbrochen werden — ein schwieriges Unterfangen, wenn ein Gebäude reich verzierte Decken und aufwendig verkleidete Wände besitzt. Es galt daher, jene Stellen zu lokalisieren, an denen die Eingriffe möglichst geringe Verluste bewirken. Hierzu wurde von Studierenden des Instituts für Restaurierungs- und Konservierungswissenschaften der FH Köln ein umfangreiches Raumbuch angelegt, in dem für jeden der mehr als 150 Räume die Ausstattung detailliert beschrieben ist (s. Beitrag von J. Felbinger und S. Retterath). Dieses Raumbuch wiederum bildet die Grundlage für die Planung der Baumaßnahmen. So können die Eingriffe auf das notwendige Maß minimiert werden. Das Gebäude bleibt mit seiner Raumstruktur und seinen vielen hochwertigen Ausstattungsdetails weiterhin erlebbar.

Das Physikzentrum ist kein Museum sondern ein lebendig genutztes Geschichtszeugnis, das seine besonderen Qualitäten gerade auch aus der Spannung zwischen Gründerzeitarchitektur und modernster Physik bezieht. Moderne Tagungszentren gibt es in der Region in großer Zahl – vielleicht sogar mit noch perfekterer Ausstattung und höherer Funktionalität. Aber die hohe Qualität der 100 Jahre alten Architektur macht das Physikzentrum einzigartig. Diesen Wert gilt es zu erhalten.

Planning for a Monument — From Laserscan to Construction Planning *(Summary)*

Protection and maintenance of monuments aim at preserving historical buildings as witnesses of history for future generations. Impressively, the building of the Physikzentrum Bad Honnef bears witness of the social activity of the Elly Hölterhoff-Böcking Foundation. Its registration in the list of monuments of the town of Bad Honnef underpins the significance of the building and expresses the interest of society in its maintenance. The Physikzentrum is highly significant among building monuments, as its inner structure and its décor have largely been preserved since about 1900, the time of its construction.

For 30 years now the building has been used as a venue for meetings. It is due to that fact that the building with its décor has been maintained so far in a way highly benefiting to the monument. There is a definite demand of improvement, however, to maintain the Physikzentrum as an attractive venue in the future. The necessary steps to modernize the property cannot be done without affecting the building monument and it must be ensured that these steps are done in a way taking care of its architectural values. This background gave rise to the cooperation between the Elly Hölterhoff-Böcking Foundation, the Physikzentrum and the Cologne University of Applied Sciences. The project described below created the basis for a careful planning benefiting the monument.

1

Die Bestandserfassung

Jost-Michael Broser

Als Grundlage des an der Fachhochschule Köln erarbeiteten Planungsvorschlags für das Physikzentrum (s. Beitrag von N. Schöndeling) dienen zweidimensionale Pläne der Gebäude, die mit einer auf den Maßstab 1:50 abgestimmten Genauigkeit angefertigt wurden. Hierzu erfolgte die Vermessung der Gebäude u. a. mit einem elektronischen Tachymeter.

Mit einem Laserscanner [1] wurden anschließend die Hauptfassade sowie ein Innenraum mit Stuckdecke aufgenommen und mit einem Streifenlichtscanner [1] Ausschnitte dieser Stuckdecke erfasst. Hierbei zeigten sich die unterschiedlichen Anwendungsbereiche der beiden Systeme. Mit dem Laserscanner lassen sich schnell große Flächen mit einer Genauigkeit erfassen, die sowohl für Planungszwecke als auch für die Dokumentation in der Bauforschung ausreicht. Im Detailbereich, wo der Laserscanner an seine Grenzen stößt, liegt die Stärke des Streifenlichtscanners. Sein Scanausschnitt ist zwar wesentlich kleiner, er hat aber eine ungleich höhere Auflösung, so dass auch die filigranen Elemente der Stuckdecke präzise erfasst werden konnten.

Insgesamt sieben Panoramascans wurden mit dem Laserscanner an der Hauptfassade durchgeführt (Abb. 1) und anschließend anhand von Passpunkten zusammengefügt. Zur weiteren Untersuchung diente das reich detaillierte Sandsteinportal in der Hauptfassade. Beim Übereinanderlegen des Orthophotos und der Punktwolke des Laserscans lässt sich der Vorteil des Laserscanners erkennen (Abb. 2). Während das Orthophoto die messbaren Größen lediglich in einer bestimmten Ebene unverzerrt zeigt, stellt der Scanner das gesamte Objekt größengetreu und dreidimensional dar. Mithilfe von entsprechender Software lassen sich aus dem Orthophoto und der Punktwolke 3D-Zeichnungen herstellen (Abb. 3). Lediglich Freiformflächen wie die Statuen des Portals müssen gesondert betrachtet werden.

1) Punktwolke aller 7 Panoramascans der Hauptfassade in unterschiedlichen Farben. (FH Köln)

1) Dot cloud of the 7 panorama scans of the main facade in different colours. (FH Köln)

Anhand der Stuckdecke des Innenraums sollten die Möglichkeiten des Streifenlichtscanners untersucht werden (Abb. 4). Mit der zur Verfügung stehenden Gerätekonfiguration konnten nur relativ kleine Abschnitte in einem Scan erfasst werden. Um eine Abschattung zu vermindern, erfolgten an einem Deckenabschnitt insgesamt elf Scans, die jeweils nur wenige Sekunden dauerten. Bei der Aufnahme der Stuckdecke zeigte sich deutlich die Stärke des Streifenlichtscanner im Detailbereich, insbesondere bei der Erfassung von Freiformflächen.

Die aufgenommenen Bestandspläne und das detaillierte Raumbuch für das Physikzentrum (s. Beitrag von J. Felbinger und S. Retterath) sollen in einem so genannten Ampelplan (Abb. 5) miteinander verbunden werden. Zusätzlich zum Ampelplan muss der Planer aber auch weiterhin das Raumbuch berücksichtigen. Um eine sinnvolle Nutzung des mehrere Hundert Seiten umfassenden Werkes zu erreichen, ist eine direkte graphische Verknüpfung vorgesehen. So sollen bei den Planungsarbeiten in einem CAD-Programm beim Anklicken der Raumnummer die entsprechenden Seiten des Raumbuchs auf dem Bildschirm erscheinen und damit die vollständigen Informationen zur Verfügung stehen.

Anmerkung

[1] Die freundliche Kooperation der Firmen Riegl, PHOCAD und Forte+Wegmann ermöglichte die Arbeit mit dem Laserscanner RIEGL LMS-Z420i, der Software RISCAN PRO und PHIDIAS sowie dem Streifenlichtscanner Breuckmann triTOS-HE und der Software rapidformXO.

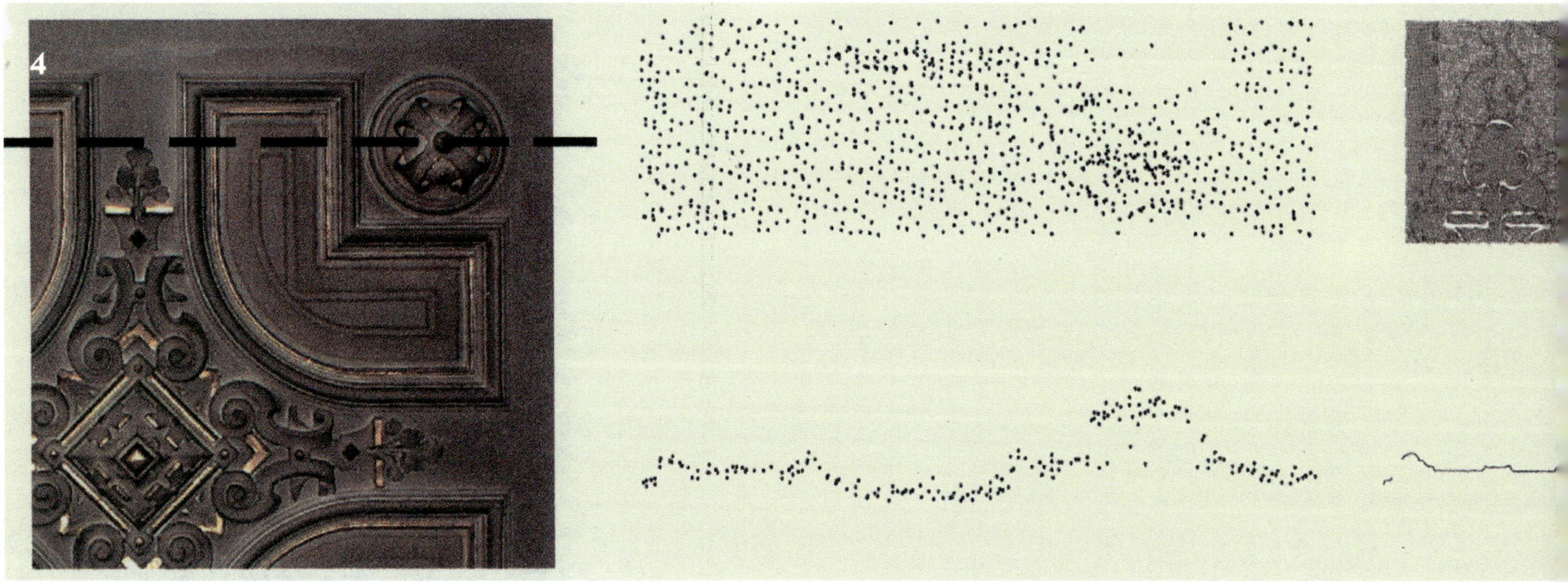

Registration of the Existing Building Substance

(Summary)

The draft concept for the Physikzentrum (cf. N. Schöndeling) was developed at the Cologne University of Applied Sciences, based on two-dimensional blueprints of the building which were drawn up with tight tolerance in a 1:50 scale.

Subsequently, the main facade and a room with stucco ceiling were laser-scanned and sections of that stucco ceiling were registered with a grazing light scanner. All in all we made seven panorama scans of the main facade (Fig. 1) and joined them by means of reference points. The richly ornated sandstone portal (Fig. 2) in the main facade served for further examination: there were made three-dimensional computer drawings (Fig. 3). The stucco ceiling was to be a structure to explore the capacities of a grazing light scanner (Fig. 4). The grazing light scanner shows its capacity in the details, especially in registering free-form surfaces.

2) Für die Gesamtansicht des Sandsteinportals wurden Orthophoto und Laserscan-Punktwolke übereinander gelegt. (FH Köln)

3) 3D-Zeichnung des Sandsteinportals, erstellt mithilfe des Programms PHIDIAS. (PHOCAD)

4) Ausschnitt der Stuckdecke: Orthophoto mit Eintragung der Schnittlinie (links), Ansicht und Schnitt der Punktwolke des Laserscanners (Mitte), Ansicht und Schnitt entwickelt aus der Aufnahme des Streifenlichtscanners (rechts). (FH Köln)

5) Ampelplan für den nordwestlichen Teil des Erdgeschosses. Bedeutung der Farben: rot - Eingriffe nicht möglich, gelb - Eingriffe nur mit großer konservatorischer Nachbearbeitung möglich, grün - Eingriffe denkmalpflegerisch unbedenklich. (FH Köln)

2) To get a general view of the sandstone portal, we superimposed the orthophoto and the laserscan dot cloud. (FH Köln)

3) 3D-drawing of the sandstone portal, drafted by means of the programme PHIDIAS. (PHOCAD)

4) Section of the stucco ceiling: Orthophoto, with inserted cutting line (left), view and section of the laserscan dot cloud (center), view and section developed from the picture of the grazing light scanner (right). (FH Köln)

5) RYG-draft for the north-west part of the ground floor. Meaning of the colours:
red - no interference possible;
yellow - interference only possible with comprehensive conserving rework;
green - no objection from the point of view of preservation of monuments. (FH Köln)

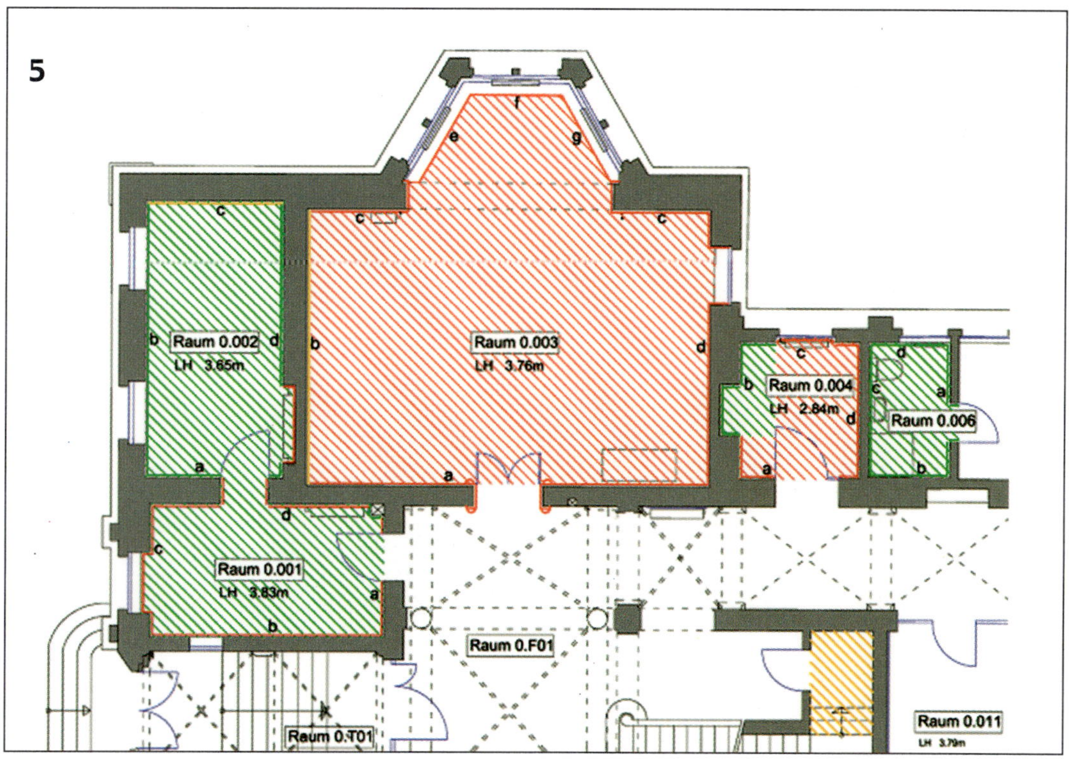

The registered existing building surface and the detailed room book (cf. J. Felbinger and S. Retterath) shall be joined in a so called RYG-draft (Fig. 5). The architect must not only take account of the RYG-draft but also of the room book. To achieve a reasonable utilization of that book with its several hundred pages, a direct graphic link-up is envisaged: a CAD-programme will be used for planning, and when a room number is clicked on, the respective pages of the room book will appear on the monitor. Thus the complete information will be at the planner's disposal.

Das Raumbuch

Jürgen Felbinger, Stephan Retterath

Das Bauensemble der Elly-Hölterhoff-Böcking-Stiftung in Bad Honnef stellt in seiner äußeren Gestaltung und in seiner Ausstattung ein bedeutendes kulturhistorisches Zeugnis der Wilhelminischen Ära dar. In seiner Geschlossenheit bietet es den Eindruck eines Gesamtkunstwerkes. Ließe man heute lediglich der „Gebäudehülle" eine Bedeutung zukommen, so würde dies den Kontext zerstören und es könnte die ursprüngliche Aussage des Ensembles bis zur Unkenntlichkeit verfälschen.

Seit einigen Jahrzehnten lässt sich in der denkmalpflegerischen Praxis die Entwicklung beobachten, auch die existente Innenausstattung aufzunehmen und dokumentarisch den gewachsenen Zustand festzuhalten. Dabei sind neben der historischen Ausstattung auch die Zutaten jüngerer Nutzungsphasen eines Bauwerks wichtig. Erst ein Überblick über sämtliche erkennbaren Merkmale befähigt uns, zukünftigen Generationen eine detaillierte Gesamtdarstellung zu hinterlassen. Hierzu bedarf es eines klar strukturierten Systems, das es ermöglicht, die zahlreichen Befunde schnell und präzise zu verwerten.

Da die weitere Nutzung des Bauensembles in Bad Honnef seine Modernisierung unumgänglich macht, wurde seitens des Instituts für Baugeschichte und Denkmalpflege der FH Köln ein fachübergreifendes Vorgehen vorgeschlagen. Im Rahmen eines Gemeinschaftsprojekts der Institute für Restaurierungs- und Konservierungswissenschaft und für Baugeschichte und Denkmalpflege der FH Köln sollte versucht werden, den planenden Architekten ein Raumbuch, d. h. einen Leitfaden durch den Ausstattungsbestand des Gebäudes, an die Hand zu geben, sowie die vorhandene Substanz auf Eignung hinsichtlich geplanter Baumaßnahmen zu überprüfen.

Es hat sich als sinnvoll erwiesen, den Bestand generell in Raumeinheiten gegliedert zu erfassen und diese dann jeweils tabellarisch aufzunehmen. Jeder Raum definiert sich in der Folge durch seine begrenzenden Flächen, beispielsweise Decke und Wände; diese wiederum weisen unterschiedlichste Ausstattungsmerkmale auf wie Fenster, Vertäfelungen oder Bodenbeläge. Diesen Informationen wurde entsprechendes Bildmaterial in fotografischer bzw. zeichnerischer Form zur Seite gestellt.

In Anbetracht der aufzunehmenden Informationsdichte erwies sich der Gebrauch farblich gestalteter, klar zuzuweisender Symbole zur Kennzeichnung immer wiederkehrender Baueinheiten als überaus sinnvoll. Eine parallel angelegte digitalfotografische Dokumentation jedes Raumes vervollständigt das Bild. Das umfangreiche Raumbuch für ca. 180 Raumeinheiten wurde von den beteiligten Architekten als ausgesprochen nützlich bewertet, so dass man auch in Zukunft mit einer fruchtbaren Zusammenarbeit rechnen kann. Insofern stehen die Räumlichkeiten des Physikzentrums auch in dieser Hinsicht für eine zukunftsorientierte interdisziplinäre Zusammenarbeit.

The Room Book

(Summary)

As the future use of the buildings of the Elly Hölterhoff-Böcking Foundation necessitates their modernization, the Cologne Institute for Building History and Preservation of Historic Buildings suggested an interdisciplinary approach.

Two institutes of the Cologne University of Applied Sciences: the Institute for Conservation Sciences and the aforementioned Institute for Building History and Preservation of Historic Buildings joined for a project which was to draft a room book for the planning architects – that is, a guideline through the existing décor and equipment of the building – and to see which proceeding was suitable for the existing building substance.

It seemed reasonable to generally register the existing building substance, subdivided in room units which were then classified in a table. The information was illustrated with the respective relevant pictures. The comprehensive room book contained some 180 room units and the cooperating architects appreciated it as a very useful instrument. Thus, in the future, too, we may count on a fruitful cooperation. In this respect the premises of the Physikzentrum also account for a future oriented interdisciplinary cooperation.

1

Objekt: Gebäude der Elly-Hölterhoff-Böcking-Stiftung, Bad H		
Pos.		Bestand
Fb		Quadratische Parkett-Tafeln, Eiche hell, Pro Tafel ein Holmenkreuz und vier Dreiecken: Diagonal zu den Fugen verlaufendes Quadrat-Muster. Umlaufende Einrahmung mit Einfassung
D		Kassettierte Stuckdecke, durch Perlstab-profilierte, auf den o.g. Konsolen ruhende Unterzüge in neun Felder unterteilt. Polygone Kassetten reichlich profiliert und in Kreuzungspunkten mit auskragenden Rosetten versehen (hier Bandel- und Rollwerk, Münzbänder und florale Elemente). Hellgräulich gefasst, Druckmuster in Kassetten, sparsam vergoldet (vorwiedend in schmalen Kassetten-Profilen)
		Bewertung
1906		Musikzimmer. In seiner ursprünglichen Gesamtheit ist der Raum noc wenngleich es schon einige größere Eingriffe gegeben Fenster in Pos. d zu 0.004 (ehemals offene Veranda) w bei Streiflicht noch erkennbar) und mit ähnlicher Lam 1949). Der Heizkörper rechts vom Erker wurde entfer Verkleidung und neuen Fensterbänken in die Fenstern Lambrisvertäfelung (Pos. a rechts und Pos. b links) sta dem ehemaligen Arbeitszimmer (über diesem Raum, 1 zeitgenössischen Tischlers zufolge befand sich an Stel Modell und rechts der Tür, der Raumsymmetrie wege aufnehmende Gesims-Konstruktion. Dies würde die a Stelle erklären. Der Grund für den Austausch auf Pos. kleineren Brandflecken im Boden und die vergraute D Zigarettenkonsum in diesem Raum schließen. Für die wurden Schlitze in die Wände gestemmt. Bei etwaiger Verlegung von Rohren oder Leitungen s später gemauerte Bereich in Pos. d bevorzugt werden. auf die schon bestehenden Versorgungsschächte im n Vertäfelungen sind u.U. demontierbar, vor allem die s und b (links). Alle rot markierten Bereiche sollten una die Stuckdecke und der umlaufende Deckenfries besc
Bearbeiter: Felbinger/ Retterath		Erstellungsdatu

1) Auszug aus dem Raumbuch für das Physikzentru
Das ehemalige Musikzimmer im Erdgeschoss. (FH Köl

1) Excerpt from the Room Book for the Physikzentru
Former music room on the ground floor. (FH Köln)

Raum-Nr.: 0.003
Raumfkt.: Salon
ungen
chwundstellen (v.a. im sbereich), Brandflecken
ark vergraut. ngsversuche links im m Erker erkennbar. r Riss im linken tt
ables- und erfahrbar, rchgang oder das auert (Segmentbogen ung verkleidet (Nach Heizkörper samt setzt. Teile der twahrscheinlich aus alzeichnungen des ofens ein anderes rmensprache des Ofens Vertäfelung an dieser nbekannt. Die uf starken r neueren Leitungen ereiche, sowie der Möglichkeit Rückgriff d. Die Lambris- gten in Pos. a (rechts) ben; keinesfalls dürfen .

Objekt: Gebäude der Elly-Hölterhoff-Böcking-Stiftung, Bad Honnef	Raum-Nr.: 0.003

Pos.

c

d

Bearbeiter: Felbinger/ Retterath	Erstellungsdatum: 01.12.2005

Planen im Baudenkmal

Volker Kirsch

„Sanierung heißt Veränderung innerhalb der Kontinuität. Veränderung ohne Kontinuität heißt Zerstörung." (Hans Schilling [1])

Planen im Baudenkmal bedeutet planen im Bestand unter einfühlsamer Rücksichtnahme auf die Charakteristika des unter Schutz gestellten Gebäudes. Der Architekt achtet dabei sowohl auf die Sicherung und Konservierung der verwendeten Bausubstanz als auch auf die Bewahrung des Baugefüges, das einer Vielzahl von Ansprüchen genügen muss. Die Nutzung, Gestaltung und Wirtschaftlichkeit der technischen Gebäudeausstattung sowie ihre Funktionalität und Integration sollten in einem optimalen Verhältnis zueinander stehen. Will man durch Umbauten die Nutzung des Gebäudes ändern, den repräsentativen Ausdruck verstärken, nötige Sanierungen durchführen oder die Wirtschaftlichkeit verbessern, so kann das zu einer nicht gewünschten Verschiebung dieses Verhältnisses führen. Die bauliche Umsetzung anstehender Planungsaufgaben geht zumeist mit Eingriffen in die Bausubstanz einher, doch die entstehenden Einbußen lassen sich durch die Zusammenarbeit der Planungsbeteiligten gering halten.

Im Umgang mit dem Baudenkmal sollen neu an das Gebäude herangetragene Bedürfnisse selbstverständlich erfüllt werden – solange dies die charakteristischen Merkmale des Gebäudes nicht zerstört. Als Vertreter des Bauherrn setzt sich der Architekt dafür ein, dass diese Bedürfnisse soweit wie möglich berücksichtigt werden. Das Baugeschehen, das stets einer Vielzahl von Rahmenbedingungen unterliegt (z. B. der Landesbauordnung, Brandschutzbestimmungen, der Wärmeschutzverordnung und Fördermöglichkeiten), wird am Denkmal zusätzlich durch die Einschränkungen und Möglichkeiten des Denkmalschutzgesetzes bestimmt. Im Sinne der Denkmalpflege gilt es nun besonders, die Echtheit und damit die Geschichte des Bauwerks zu wahren.

Bei der geplanten Modernisierung der Gästezimmer des Physikzentrums in Bad Honnef soll für die Seminarteilnehmer durch den Einbau von Sanitärbereichen ein Hotelzimmerstandard gewährleistet werden. Die in einer Vielzahl von Baudetails überlieferte Substanz ist dabei möglichst zu schützen. Einige Räume enthalten reich verzierte Holzvertäfelungen, historische Wandfliesen, originale Holzdecken oder Stuckverzierungen an den Decken. In den meisten Flurbereichen mit ihren Gewölbebögen findet man noch Reste der ursprünglichen Bemalung. Viele Türen und Fenster sind im Original vorhanden. Da die Raumstruktur noch weitgehend unverändert ist, sind Wände und Putz sowie Fenster- und Türöffnungen erhalten geblieben.

Die Planung der Sanitärbereiche geschieht unter zwei Gesichtspunkten. Zum einen sollen die bestehende Detailfülle und die originale Bausubstanz erhalten bleiben. Hierzu ist eine vorhergehende Bestandsdokumentation mit Hilfe detaillierter Pläne, Fotos und des Raumbuchs sowie einer analytischen Bewertung der einzelnen Bauteile unumgänglich. Im vorliegenden Fall muss zur Beurteilung der weiteren Vorgehensweise ein fachkundiger Restaurator hinzugezogen werden. Aus praktischer Erfahrung ist es außerdem ratsam, auch einen im Altbau erfahrenen Haustechniker möglichst frühzeitig einzubeziehen. Gerade die Ausführung von Heizungs-, Sanitär- und Klimainstallationen einschließlich der hierfür notwendigen Leitungen führt in Baudenkmalen bei nicht fachgerechter Begleitung von Planung und Ausführung häufig zu Bauschäden und unangebrachten Eingriffen in die Substanz. Sehr oft werden z. B. Leitungen ohne Rücksicht auf den Bestand horizontal in Mauerwerksschlitzen verlegt – mit der Konsequenz, dass Tragwerksplaner auf der Baustelle die Restmauerwerksstärke an den Installationsschlitzen überprüfen müssen.

Zum anderen sollen sich die geplanten Einbauten in den vorhandenen Gesamtzusammenhang von Raumstruktur und Nutzung einfügen. Gästezimmer, Gemeinschaftsräume und Flurbereiche sollen dabei jeweils in Nutzung, Ausstattung und Raumproportionen als eigene Einheit erkennbar bleiben. Durch die klare Raumstruktur mit den hohen, weiten Fluren und Zimmern sowie die weitgehend original überkommene Bausubstanz wird eine charakteristische Atmosphäre erzeugt: Authentizität und Großzügigkeit prägen die Stimmung des Physikzentrums. Diese wertvollen Eigenschaften sollen erhalten bleiben. Zunächst werden für den Einbau der Sanitärräume Raumzonen ausgeschlossen, in die baulich nicht eingegriffen werden darf. Vorhandene Tür- und Fensterachsen werden freigehalten, die empfindlichen Holzfenster sollen vor übermäßigem Feuchtigkeitseintrag bewahrt werden. Die Bäder werden wie „Möbeleinbauten" konzipiert, deren Einbau jederzeit reversibel ist.

Der Architekt nähert sich also dem Entwurfsergebnis gleichzeitig vom bestehenden Gesamtkonzept und von den vorhandenen Details her. Hinzu kommt, dass sich eine gelungene Ergänzung zwar am Bestand orientiert, aber dennoch eine eigene Gestaltungssprache spricht. Dem Selbstverständnis der neuen Bauaufgabe folgend, sollte die nachträgliche Einfügung von Bauteilen ablesbar sein. Sie kann somit nur durch eine deutliche Trennung erreicht werden.

Anmerkung

[1] Hans Schilling: Architektur 1945-2000; König, Köln 2001, S.164

Planning in a Building Monument

(Summary)

Planning in a building monument means planning in existing constructions, sensitively considering characteristic features of the protected building. The architect pays attention to safeguard and preserve the existing substance of the building and, at the same time, to preserve the very structure of the building which must meet numerous requirements.

The planned refurbishment of the guest rooms of the Physikzentrum Bad Honnef comprises the installation of fully equipped bathrooms, so that the participants of the seminars may enjoy a hotel standard. The historic building substance, revealed in manifold details, must be protected as far as possible. Several rooms contain e. g. richly ornated wooden panelling, historical wall tiles, original wooden ceilings or ceilings with stucco decoration. The planned installations must blend in the existing context of building structure and utilization. The clear structure of the building, with its vast and high rooms and hallways as well as the largely original building substance create a characteristic atmosphere: the ambiance of the Physikzentrum is characterized by authenticity and generosity. These precious features must be preserved. The bathrooms are planned like "built-in furniture" which can easily be removed anytime. A successful complement will always take heed of the existing building but, at the

same time, speak its own language. In as much as we understand the task, the later inserted parts of the building should not be concealed.

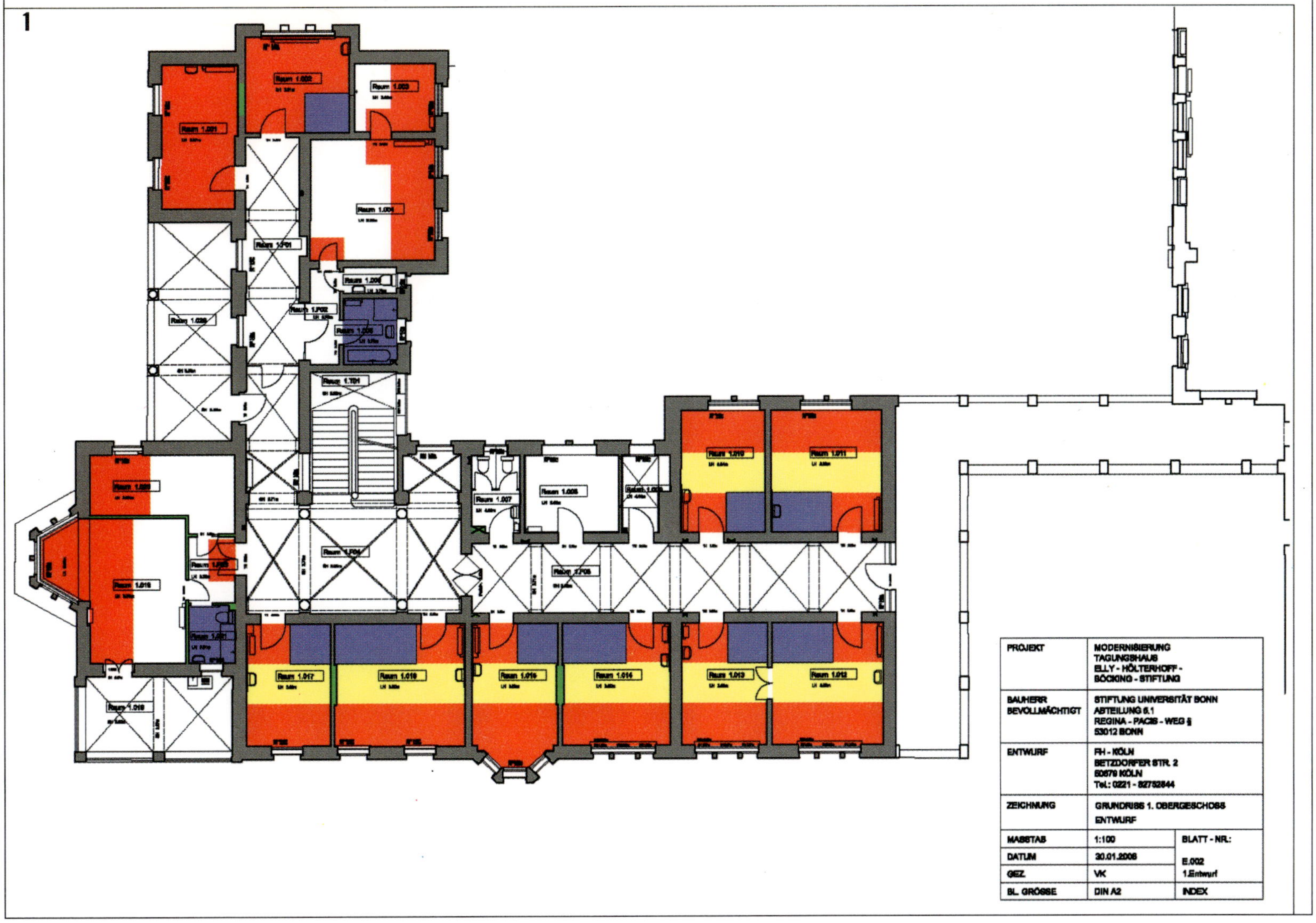

1) Modernisierung des 1. Obergeschosses: rot - für Einbaumaßnahmen verbotene Zonen, gelb - kritische Zonen, blau - mögliche Badzonen. **(1 – 3:** FH Köln**)**

2) Waschgelegenheit in den Gästezimmern neben historischem Heizkörper und Wandfliesen.

3) Modernisiertes Badezimmer eines Gästezimmers. Bei der Innenraumgestaltung ist es zu einer Mischung verschiedener Baustile gekommen.

1) Modernization of the first floor: red - zones where no change whatsoever must be envisaged, yellow - critical zones, blue - possible zones for bathrooms. **(1 – 3:** FH Köln**)**

2) Washing facility in the guestrooms next to historic heater and wall tiles.

3) Modernized bathroom of a guestroom. The interior decoration is an amalgam of various architectural styles.

Das Magnus-Haus Berlin – Das andere Haus der Physik

Günter Kaindl

Seit dem Zusammenschluss der Physikalischen Gesellschaften der zwei deutschen Teilstaaten am 20. November 1990 verfügt die Deutsche Physikalische Gesellschaft über eine repräsentative Heimstatt im Herzen der deutschen Hauptstadt. Dieses stattliche Haus aus der Mitte des 18. Jahrhunderts, Am Kupfergraben 7 in Berlin-Mitte, gegenüber dem Pergamon-Museum gelegen, bietet beste Voraussetzungen für ein hochrangiges wissenschaftliches Begegnungszentrum für die Physik. Es wurde von der Physikalischen Gesellschaft der DDR als Mitgift eingebracht, der es aus Anlass des 100. Geburtstags von Max Planck am 24. April 1958 vom Magistrat Ostberlins übertragen worden war, *„zu dauernder Obhut und Pflege mit der Befugnis, es als Verwaltungsträger nach den bestehenden gesetzlichen Bestimmungen wie ein Eigentümer zu benutzen und zu gestalten"*. In der vom damaligen Ostberliner Oberbürgermeister Friedrich Ebert unterzeichneten Urkunde heißt es weiter: *„Die Übergabe dieses Hauses soll ein Zeichen der hohen Achtung der Bevölkerung der DDR vor den Leistungen ihrer Wissenschaftler darstellen und das Bekenntnis der engen Verbundenheit mit ihnen sein."* Die Physikalische Gesellschaft der DDR hatte danach mehr als 30 Jahre lang ihren Sitz im Magnus-Haus, bis zur deutschen Vereinigung. Im dortigen Hörsaal fanden das traditionsreiche Max-von-Laue-Kolloquium und das Mittwochs-Kolloquium statt, und auch die Max-Planck-Bibliothek war dort untergebracht, die aus gleichem Anlass von der Moskauer Akademie der Wissenschaften nach Berlin zurückgegeben worden war.

Das Magnus-Haus war zunächst eine problematische Mitgift, zum einen aufgrund der nach der deutschen Vereinigung anfangs ungeklärten Eigentumsverhältnisse und zum anderen wegen der erheblichen Finanzmittel, die für eine dringend erforderliche Restaurierung des Hauses aufgebracht werden mussten. Nachdem das Land Berlin als Eigentümer des Anwesens feststand und die Firma Siemens sich bereit erklärt hatte, der DPG eine großzügige Spende in Höhe von 10 Millionen DM zu gewähren und damit einen Großteil der Sanierungskosten zu übernehmen, kam es am 6. November 1992 zu einer Fördervereinbarung zwischen dem Senat von Berlin, der Siemens AG und der DPG, in der festgelegt wurde, dass das Land Berlin der DPG die Nutzung des Hauses unentgeltlich überträgt und die Siemens AG die erwähnte Spende für die Sanierung zur Verfügung stellt. Hier gebührt besonders dem langjährigen Wissenschaftlichen Leiter des Magnus-Hauses und früheren Präsidenten der DPG, Herrn Prof. Theo Mayer-Kuckuk, hohe Anerkennung für seine geschickte und feinfühlige Verhandlungsführung, die zu diesem Erfolg führte.

Das Haus Am Kupfergraben 7, dessen Geschichte an anderer Stelle schon umfassend dargestellt wurde [1-3], ist in zweifacher Hinsicht bedeutungsvoll: einmal wegen seiner beispielhaften Architektur als barockes Bürgerpalais aus dem 18. Jahrhundert und zum anderen wegen seiner für die deutsche Kulturgeschichte bedeutenden Bewohner. Das Haus war vermutlich als „Immediatsbau", d. h. zur Stilbeeinflussung und Verschönerung des Stadtbildes, im Auftrag Friedrichs II. entstanden und im Jahre 1755 dem Kriegsrat Johann Friedrich Westphal „halb geschenkt" übergeben worden. Der Entwurf geht möglicherweise auf Georg Wenzeslaus von Knobelsdorff (1699-1753) zurück. Die Familie Westphal veräußerte das Anwesen erst 1822 an den Oberbaurat August Adolf Günther, der 1841 zum Nachfolger Schinkels berufen wurde, und dieser zweite Eigentümer verkaufte es dann im Jahre 1840 an Gustav Magnus.

Die Verbindung zur Physik begann bereits 1774, knapp 20 Jahre nach der Erbauung. In diesem Jahr zog Joseph-Louis Lagrange als Mieter beim Kriegsrat Westphal ein. Lagrange war schon

1766 als Direktor der mathematischen Klasse in die Preussische Akademie der Wissenschaften berufen worden, als Nachfolger von Leonhard Euler, der wieder nach St. Petersburg übersiedelte. Lagrange wohnte in diesem Haus acht Jahre lang bis 1782 und arbeitete auch dort, vermutlich an seinem Hauptwerk, der Mécanique Analytique.

Gustav Magnus, der einer wohlhabenden jüdischen Kaufmannsfamilie in Berlin entstammte, die zum protestantischen Glauben übergetreten war, hatte in Berlin Chemie studiert, wurde dort im Jahre 1830 für die Fächer Chemie und Technologie habilitiert und 1834 zunächst zum außerordentlichen und dann 1845 zum ordentlichen Professor der Technologie an der Friedrich-Wilhelm Universität ernannt. Das Haus am Kupfergraben 7 erwarb er 1840 im Jahr seiner Hochzeit mit der 19-jährigen Tochter des Verlegers Humblot. In einem Brief an Jöns Jacob Berzelius in Stockholm, bei dem er ein Jahr als „Postdoc" verbracht hatte, begründete er den Kauf dieses Hauses ganz in der Nähe der Universität damit, dass er dort auch einen Hörsaal einrichten werde, in der Hoffnung *„dadurch das an Zeit zu gewinnen, was durch meinen neuen Stand verloren geht"*.

Jetzt hatte Gustav Magnus genügend Platz für seine aus Privatmitteln finanzierte Sammlung physikalischer Apparaturen, die er schon in seiner früheren Wohnung angelegt hatte. Auf diese Weise entstand im Magnus-Haus das erste physikalische Laboratorium in Deutschland, das von vielen seiner Schüler, u. a. von Hermann von Helmholtz, für Forschungsarbeiten genutzt werden konnte. 1843 begründete er in seinem Haus als neuartige Lehrveranstaltung ein Physikalisches Colloquium zur Diskussion neuester Ergebnisse der naturwissenschaftlichen Forschung. Von Teilnehmern dieses Colloquiums wurde drei Jahre später die Physikalische Gesellschaft als selbständige Vereinigung gegründet, aus der dann später die Deutsche Physikalische Gesellschaft hervorging. Bei der neu gegründeten Physikalischen Gesellschaft lernte der junge Leutnant Werner Siemens den Feinmechaniker Georg Halske kennen, eine Begegnung, die 1847 zur Gründung der Firma Siemens & Halske führte.

Gustav Magnus begründete eine große Physikerschule im 19. Jahrhundert, mit einer Vielzahl bedeutender und höchst einflussreicher Schüler, von denen allein 36 später auf Lehrstühle berufen wurden, darunter H. von Helmholtz, R. Clausius, J. W. Gibbs und G. Kirchhoff. Magnus starb 1870, das Haus am Kupfergraben wurde aber von seiner Frau noch bis zu ihrem Tod im Jahre 1910 bewohnt.

Danach gelangte das Haus in den Besitz der Krongutverwaltung und wurde 1911 an den berühmten Theaterregisseur Max Reinhardt vermietet, der seit 1905 Besitzer und Leiter des Deutschen Theaters in Berlin war. Max Reinhardt bewohnte das Haus mit seiner Frau, der Schauspielerin Else Heims, den zwei Söhnen und weiteren neun Mitgliedern seiner Familie. Dadurch wurde das Haus wieder zu einem Mittelpunkt des gesellschaftlichen Lebens in Berlin. Max Reinhardt verließ das Haus aber schon 1921 aus familiären Gründen; Frau Reinhardt-Heims hingegen lebte dort bis zu ihrer Emigration 1934. Bis dahin hatten sich dort schon das Ungarische Institut und andere sprachwissenschaftliche Institute der Universität eingenistet, die das Haus bis Kriegsende nutzten.

Nach der Eroberung Berlins durch die Rote Armee zog die sowjetische Geheimpolizei NKWD in das Magnus-Haus ein und missbrauchte es als Gefängnis und für Verhöre. Doch 1948 wurde das Haus überraschend geräumt und dem Magistrat übergeben, mit der Auflage, es der Gesellschaft für deutsch-sowjetische Freundschaft zur Verfügung zu stellen. Zehn Jahre später erhielt es dann – wie beschrieben – die Physikalische Gesellschaft der DDR.

Von Anfang 1993 bis Spätsommer 1994 wurde das Magnus-Haus einer aufwendigen Restaurierung unterzogen, bei der in enger Zusammenarbeit mit der Denkmalpflege und mit einer Bauhistorikerin die ursprüngliche Raumanordnung aus dem 18. Jahrhundert weitgehend wiederhergestellt werden konnte. Am 18. November 1994 konnte das Magnus-Haus seiner neuen Bestimmung übergeben werden. Seither wird es als hochrangiges wissenschaftliches Begegnungszentrum für die Physik genutzt, wobei die DPG zur Erzielung von Einnahmen auch größere Raumflächen vermietet: an das Büro des ehemaligen Bundespräsidenten Richard von Weizsäcker, an die Atlantik-Brücke und an die Firma Siemens.

Seit seiner Wiedereröffnung vor 12 Jahren stand das Magnus-Haus unter der wissenschaftli-

chen Leitung von Prof. Theo Mayer-Kuckuk, der viele der ursprünglichen Zielsetzungen für die Nutzung des Hauses verwirklichen konnte. Dazu zählen (1) die Darstellung der Physik und benachbarter Disziplinen für eine breite Öffentlichkeit, (2) die Diskussion hochrangiger Probleme für unsere Gesellschaft, zu deren Lösung die Physik beitragen kann, (3) der Dialog zwischen Naturwissenschaftlern und anderen Gruppen der Gesellschaft, insbesondere Vertretern aus Politik, Wirtschaft und Kultur, (4) das interdisziplinäre Gespräch zwischen der Physik und anderen wissenschaftlichen und technischen Gebieten und schließlich (5) der Gedanken- und Erfahrungsaustausch mit Wissenschaftlern im nationalen und internationalen Rahmen.

Die Instrumente zur Verwirklichung dieser Ziele sind die Wissenschaftlichen Abende im Magnus-Haus, von denen bisher weit mehr als 100 veranstaltet wurden, die Berliner Industriegespräche, die regulären Vorträge im Rahmen des Berliner Physikalischen Kolloquiums, das von den drei Berliner Universitäten und der Universität Potsdam gemeinsam getragen wird, und weitere Veranstaltungen, wie Heraeus-Seminare, DPG-Einzelveranstaltungen, Preisverleihungen, Symposien und Workshops. Zu der Tatsache, dass dieses Haus inzwischen zu einem prominenten Ort mit internationalem Ruf geworden ist, tragen auch zahlreiche hochrangige Veranstaltungen von Politik, Kultur und Wirtschaft bei. Auch die Berliner Physikalische Gesellschaft hat ihren Sitz im Magnus-Haus und nutzt es für Vorstandssitzungen und eigene Veranstaltungen.

Für den Betrieb des Magnus-Hauses setzt der Vorstandsrat der DPG ein Kuratorium und einen Wissenschaftlichen Beirat sowie einen Wissenschaftlichen Leiter ein. Letzterer ist für das wissenschaftliche Programm im Magnus-Haus verantwortlich, unter Beachtung der Empfehlungen von Kuratorium und Wissenschaftlichem Beirat, und er vertritt die DPG im Magnus-Haus. Von ganz besonderer Bedeutung für den wissenschaftlichen Betrieb des Magnus-Hauses ist aber auch die langjährige und nachhaltige finanzielle Unterstützung durch die Wilhelm und Else Heraeus-Stiftung, deren Wert für die Physik in Deutschland nicht hoch genug eingeschätzt werden kann.

Anmerkungen

[1] Dieter Hoffmann (Hrsg.): Gustav Magnus und sein Haus. Verlag für Geschichte der Naturwissenschaften und der Technik, Stuttgart (1995)

[2] Christine Becker u. Brigitte Jacob (Hrsg.): Das Magnus-Haus in Berlin-Mitte. F. Bruckmann KG, München (1994)

[3] Theo Mayer-Kuckuk: Das Magnus-Haus, in: Festschrift 150 Jahre Deutsche Physikalische Gesellschaft (1995)

1) Der Physiker Gustav Magnus (1802-1870), 1868 portraitiert von seinem Bruder Eduard Magnus. (DPG)

2) Das Magnus-Haus am Kupfergraben nach der Restaurierung im Jahr 1994. (DPG / Oltmann Reuter, Luftbild Berlin)

3) Podiumsdiskussion während des Parlamentarischen Abends zur Klima- und Energiestudie der DPG. (DPG)

4) Gruppenbild der Teilnehmer des Internationalen Symposiums „Physics goes public", März 2005. (DPG)

1) The physicist Gustav Magnus (1802-1870), portrayed by his brother Eduard Magnus, in 1868. (DPG)

2) The Magnus-House at "Kupfergraben", after its restoration in1994. (DPG / Oltmann Reuter, Luftbild Berlin)

3) Panel discussion during the parliamentary evening of the climate and energy study of the DPG. (DPG)

4) Group photograph of the participants at the international symposium on "Physics goes public", March 2005. (DPG)

3

The Magnus-House in Berlin – The Other House of Physics

(Summary)

Since the Physical Societies of the two German states merged, on November 20, 1990, the German Physical Society disposes of a representative home in the heart of the German capital. The stately mansion, Am Kupfergraben 7 in Berlin-Mitte, across from the Pergamon Museum, is built in the middle of the 18th century. Here, physicists are offered a first rate center for scientific meetings under best conditions. It was kind of dowry of the Physical Society of the GDR.

At first, the Magnus-House was a problematic dowry as, after the German Unification, the ownership structures were somewhat cloudy and substantial financial means were required for the long-needed restoration of the building. On November 6, 1992, when it was clear that the federal state of Berlin was owner of the estate and

The relationship between physics and the Magnus-House has its origin already in 1774, some 20 years after the house had been built. 1774 was the year when the mathematician and physicist Joseph-Louis Lagrange rented the house, moved in, and dwelled there for eight years. In 1840, Gustav Magnus, physicist and professor at the university of Berlin, acquired the house at Kupfergraben 7 and installed the first laboratory of physics. Gustav Magnus founded a famous school of physicists, to which H. von Helmholtz, R. Clausius, J. W. Gibbs, and G. Kirchhoff belonged.

when the Siemens company had offered to cover the main part of the costs of refurbishment, the state of Berlin allowed the DPG to make use of the house, free of charge, for an unlimited period of time.

Today, under the scientific leadership of professor Günter Kaindl, the Magnus-House is used first of all as a scientific meeting center for physicists. Its goals are: presentation of physics to a broad public; the discussion of vital problems in our society which physics can help to solve; the dialogue between natural scientists and other groups of society; the interdisciplinary discussion; the exchange of ideas and experience with national and international scientists. The long-term and lasting financial support by the Wilhelm und Else Heraeus Foundation is of particular importance to the Magnus-House.

4

Das Physikzentrum
The Physikzentrum

Jugend trifft das Original

Theodor W. Hänsch

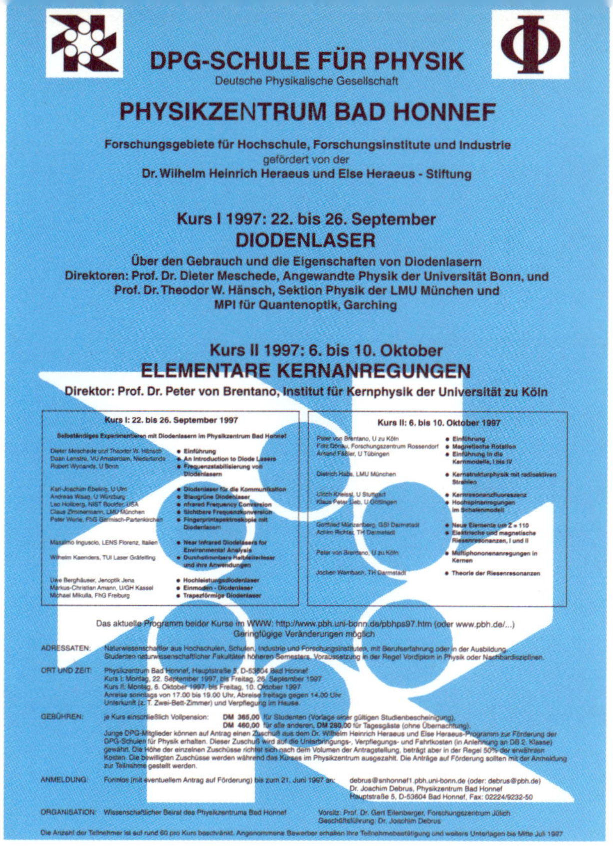

Physikalisches Wissen wird von einer Wissenschaftlergeneration zur nächsten höchst erfolgreich nach dem Meister-Lehrling-System vermittelt. Bis heute werden Diplomarbeiten (demnächst Masterarbeiten) und Doktorarbeiten, die Examensarbeiten der akademischen Lehre, im Prinzip nach diesem Verfahren erarbeitet. Der Erwerb wissenschaftlicher Erkenntnis ist dabei alles andere als eine Einbahnstraße – im Gegenteil: Die „Meister", die arrivierten Forscher, profitieren von der unbefangenen Kreativität und wissenschaftlichen Neugier der jungen Physiker, der „Lehrlinge" – erkennendes Lernen braucht beide Seiten.

Bei den jungen Physikern, Studenten, Doktoranden, Postdocs, die das Physikzentrum Bad Honnef für eine Tagung, für einen Workshop oder aus einem anderen wissenschaftlichen Anlass besuchen, kann man ganz einfach voraussetzen, dass sie Begeisterung für die Physik, für ihre ureigenen wissenschaftlichen Ideen und Interessen mitbringen. Das Physikzentrum bietet diesen jungen Wissenschaftlern (und denen, die jung geblieben sind) einen ganz besonderen Ort, um ihrer Begeisterung in intensiven Diskussionen mit anderen Physikern freien Lauf zu lassen, nach Vorträgen, in Postersitzungen, beim Frühstück und Abendbrot, und bestimmt nicht zuletzt in nächtelangen Sitzungen im Bierkeller. Außenstehenden fällt es oft schwer, diese Form von Begeisterung nachzuvollziehen – für Physiker ist sie geradezu Lebenselixier.

Erfahrene Physiker wissen auch davon zu berichten, welche entscheidende Rolle der Besuch von Physikschulen wie in Bad Honnef für ihr wissenschaftliches Leben gespielt hat: Es sind genau diese Orte, an denen sie ihre Professoren und Forschungsgruppenleiter zum ersten Mal als Mitglieder der „scientific community" und nicht als ihre Chefs erlebt haben. Hier haben sie zum ersten Mal die Träger der ganz großen Namen aus der Fachliteratur und den Lehrbüchern getroffen. Und nicht nur das: Ungezählte Ideen und Forschungsprojekte – und auch Karrieren – sind hier zum Leben erweckt worden.

30 Jahre nach seiner Gründung hat das Physikzentrum Bad Honnef seinen Platz unter den europäischen Physikschulen gefunden. Das Programm der Physikschulen, „Jugend trifft das Original", ist und bleibt einer der inspirierendsten Wege, um neue, zukunftsträchtige Richtungen der Wissenschaft zu diskutieren. Ich wünsche dem Physikzentrum Bad Honnef, dass es dazu in Zukunft einen besonders kräftigen Beitrag leisten kann.

Youth Meeting the Original

Knowledge in physics is passed on most successfully from one generation of scientists to the next, following the master-apprentice-system. It is according to this principle that the students develop and write their Diplom theses (soon: MSc-theses) and doctoral theses – the final projects in academic teaching. But acquiring scientific knowledge is by no means a one-way street – quite the contrary: the masters, the senior researchers, benefit from the unprejudiced creativity and scientific curiosity of the young physicists, the "apprentices" – cognitive learning needs both sides.

The young physicists, students, doctoral candidates, postdocs, visiting the Physikzentrum Bad Honnef for a meeting, a workshop, or any other scientific event, are understood to be thrilled with physics and their own most individual scientific ideas and interests. These young scientists (and those who remained young), are offered, at the Physikzentrum, a very special environment to give rein to their enthusiasm in intense discussions with other physicists – after lectures, in poster sessions, at breakfast or dinner and, last but by far not least, during long sessions at night in the beer cellar. For outsiders it is sometimes difficult to follow this kind of enthusiasm – for physicists it is just their elixir of life.

Adept physicists tell us about physics schools they attended, like the one in Bad Honnef, and about the decisive role these schools played in their lives. It is particularly at these places that they met their respective professor or the head of their research group for the first time as a member of the scientific community and not as their boss. It is here that they met, for the first time, the real celebrities whose names they knew from scientific literature and textbooks. And that is not all: Countless ideas and research projects – and also careers – originated here.

30 years after being founded, the Physikzentrum Bad Honnef stands its ground among the physics schools in Europe. The programme of the physics schools "Youth Meeting the Original" is, and will be, one of the most inspiring ways to discuss new and future-oriented directions of science. My wish for the Physikzentrum Bad Honnef: may it continue to contribute substantially to that programme.

COLLEGE DE FRANCE

—

CHAIRE DE PHYSIQUE
ATOMIQUE ET MOLECULAIRE

—

Laboratoire Kastler Brossel
Département de Physique
de l'Ecole Normale Supérieure

24 rue Lhomond, 75231 Paris Cedex 05
Tél. : (33) 01 47 07 77 83
Fax : (33) 01 45 35 00 76
e-mail : cct@physique.ens.fr

—

Paris, February 13, 2006

Professor Dieter Meschede
Institut für Angewandte Physik
Universität Bonn
Wegelerstr.8, 53115 Bonn

Dear Dieter,

I have heard recently that you have become the Director of the Physikzentrum at Bad Honnef. I send you my warmest congratulations and my best wishes for the success of this center.

I think that it is extremely important to develop summer schools in Europe. My personal scientific itinerary has been deeply influenced by the time I spent in such a summer school which is located at Les Houches in France. It is there that I learned modern physics during a two-month session in 1955, following lectures given by outstanding physicists like Julian Schwinger, George Uhlenbeck, Wolfgang Pauli, Albert Messiah, Norman Ramsey, Charles Townes, Anatole Abragam. I came back in 1964 as a scientific director of a session devoted to quantum optics and electronics. It is there that Roy Glauber presented for the first time his theory of optical coherence and photon statistics and that Willis Lamb gave lectures on the theory of the laser. I came again as a professor in 1975, 1982, 1990, and in other occasions for various types of workshops. I now also very well the Varenna summer school in Italy, the Cargese summer school in Corsica where I have been several times as a student or a professor.

I think that it is extremely worthwhile to bring together young students in a given place, usually very beautiful, and to put them in contact with the best experts in a given field, in a stimulating atmosphere where they can exchange ideas with other students coming from other countries. This is in my opinion the best way to enter a given field, to enlarge his horizon, to get motivations and inspiration for further studies. I know several examples of vocations or collaborations which have been initiated by a stay in a summer school.

I had the opportunity a few years ago to visit the Physikzentrum at Bad Honnef. I found this place very nice and very well suited for providing a stimulating atmosphere for lectures, discussions, exchange of ideas. I sincerely hope that, as the new Director of this center, you will receive the adequate support allowing you to develop this center and to make it an excellence center for stimulating research training in Europe.

With my best regards,

Claude Cohen-Tannoudji
Professeur honoraire au Collège de France

Ein Zentrum für die Physik

Gedanken zum Jubiläum des Physikzentrums

Herbert Walther †

Die Einrichtung des Physikzentrums in Bad Honnef muss als ein sehr wichtiger Meilenstein in der Geschichte der Deutschen Physikalischen Gesellschaft (DPG) und somit auch für die Physik in Deutschland gesehen werden. Mit der Einrichtung der Räumlichkeiten in Bad Honnef wurde ein zentraler Ort für Tagungen, Fortbildungsveranstaltungen und Diskussionen, sowohl unter Physikern als auch mit der Öffentlichkeit, sowie für die Sitzungen der Gremien der DPG geschaffen, der hinfort als Bezugspunkt für die gesamte Physik diente.

Gemessen an der gegenwärtigen Ausstattung des Hauses war die Einrichtung anfangs eher spartanisch; trotzdem war das Zentrum für uns, die wir zu Beginn die Organisation von Heraeus-Seminaren oder von DPG-Schulen übernommen hatten, ein Ort geworden, an dem interessante Diskussionen geführt wurden und viele nette Begegnungen mit Kollegen stattfanden. Das Haus strahlte eine besondere Atmosphäre aus, die an eine erfolgreiche Gründerzeit unseres Landes erinnerte und vielleicht auch deshalb dazu anregte, einmal neue Wege zu gehen und originellen Ideen zu folgen. Die Bibliothek mit ihrem ganz besonderen Charme und auch die anderen Räume, in denen die Treffen stattfanden, boten Gelegenheit für Gespräche in kleinen Gruppen. Besonders anregend war immer das Abendessen im Keller des Gebäudes, bei dem natürlich weitere Gespräche stattfinden konnten. Die gemütlichen Räume dort trugen dazu bei, dass sich die Diskussionen vielfach bis spät in die Nacht ausgedehnt haben.

Als Organisator eines Heraeus-Seminars (Nr. 19 im November 1981), als Leiter bzw. Mitleiter zweier DPG-Schulen 1986 und 1995, sowie als Vortragender bei vielen anderen Veranstaltungen habe ich die Atmosphäre des Hauses oft genießen dürfen. Die DPG-Schule von 1986 behandelte das Thema „Laserphysik und Quantenoptik", das sehr viel Resonanz fand, weil sich dieses Gebiet damals enorm entwickelte. Sehr viele der Teilnehmer sind in dem behandelten Gebiet tätig geworden und haben später wesentlich zur Entwicklung der Laserphysik und Quantenoptik beigetragen. Ebenso war es bei der Schule über „die Physik der Speicher und Fallen" von 1995, deren Zeitpunkt ideal mit dem Beginn der Experimente an kalter Atomen und Ionen zusammenfiel, so dass auch diese Schule der Entwicklung des entsprechenden Forschungsgebietes einen wesentlichen Impuls geben konnte.

† verstorben / deceased

Die DPG-Schulen finden normalerweise im Herbst statt, wenn der Wald in der Umgebung des Physikzentrums herbstliche Farben annimmt und zu Wanderungen im Siebengebirge einlädt, auf denen sich natürlich die Gelegenheit bietet, weitere Diskussionen zu führen und in lockerer und informeller Art die Gedanken auszutauschen. Uns allen sind diese Ausflüge in guter Erinnerung geblieben, und wir alle haben auch von dort viele Anregungen und neue Eindrücke mit nach Hause genommen.

Die Einrichtung des Physikzentrums war ein enormer Gewinn für die Physik. Den Kollegen, die damals das Land Nordrhein-Westfalen und die Universität Bonn überzeugen konnten, das Zentrum zu etablieren, und die insbesondere im Laufe der Jahre an der konstanten Verbesserung der Einrichtungen gearbeitet haben, gebührt ein großer Dank. Ihrer Weitsicht ist es zu verdanken, dass zu einem günstigen Zeitpunkt die Gelegenheit für die Einrichtung des Zentrums wahrgenommen wurde. Ein besonderes Verdienst trägt die Wilhelm und Else Heraeus-Stiftung, die mit ihren Seminaren für eine konstante Belegung des Hauses und damit für eine solide finanzielle Grundlage gesorgt hat. Die Angestellten des Hauses haben durch ihr effektives Engagement für einen unauffälligen Service gesorgt, der für das Gelingen einer Tagung oder eines Seminars ebenso wichtig ist wie die aktive Mitwirkung der Wissenschaftler.

Es ist im Namen der Physik zu wünschen, dass das Zentrum weiterhin Unterstützung findet und auch noch vielen kommenden Generationen die gleiche Fülle von Anregungen bietet wie in der Vergangenheit.

A Center for Physics – Reflections at the Anniversary of the Physikzentrum

Founding the Physikzentrum in Bad Honnef must be understood as a most vital milestone in the history of the Deutsche Physikalische Gesellschaft (DPG) – and thus for physics in Germany. When it was established, a central venue was born for meetings, training courses, discussions among physicists and with the public, and for meetings of the DPG panels, henceforth serving as a point of reference for physics as a whole.

Compared to the present, the house was equipped rather spartanly in the beginning. But to us – who initially took on organizing Heraeus-Seminars or DPG-Schools – the house became a place to enjoy inspiring discussions as well as interesting and pleasant meetings with colleagues. The house with its very special atmosphere reminds of a successful period of promoterism in our country and maybe that is the reason why it encourages to develop inventive ideas and try new paths. The library has its particular charm, and the other rooms where the meetings took place invited for discussions in small groups. Dinners in the cellar of the building were always inspiring as they offered opportunities for more conversation. The snug rooms in the cellar invited to stay up late for discussions.

I often had the privilege to enjoy the ambiance of the house: When organizing a Heraeus-Seminar (No. 19, in November 1981) and chairing or co-chairing two DPG-Schools in 1986 and 1995, respectively, and also when I gave talks during many other events. The 1986 DPG-School focussed on the topic "Laser Physics and Quantum Optics", meeting with large response, as this field was rapidly developing then. A great deal of the participants became active in that very field and contributed substantially to the development of laser physics and quantum optics. The same was for the DPG-School focussing on "Physics of Storing and Trapping" in 1995 – a time when experiments on cold atoms and ions began. Thus that school, too, could give a strong impulse to the development of this new research area.

Usually, the DPG-Schools are held in fall, when the forest surrounding the Physikzentrum revels in autumn colours, inviting to excursions into the Siebengebirge. These excursions offered further occasion to discuss and exchange ideas, in a relaxed and informal way. All of us enjoy remembering these excursions and all of us gathered a lot of impulses and new impressions there.

The Physikzentrum proved a tremendous asset for physics. We are greatly indebted to the colleagues who, decades ago, could convince the federal state of North Rhine-Westphalia and the University of Bonn to establish the center. We owe many thanks as well to the colleagues who, during the years, continuously helped improving the center. It is because to their vision that the chance to establish the center was seized in due time. And in particular we owe thanks to the Wilhelm and Else Heraeus Foundation: with its seminars, the foundation took care that the house was used constantly and thus the financial basis was granted. By their efficient commitment the employees of the house provided an unobtrusive service which is – for the success of a conference – no less important than the scientists' active contributions.

In the name of physics I wish the center to further get backing and support and to offer abundant inspiration to the generations to come, as it did to those in the past.

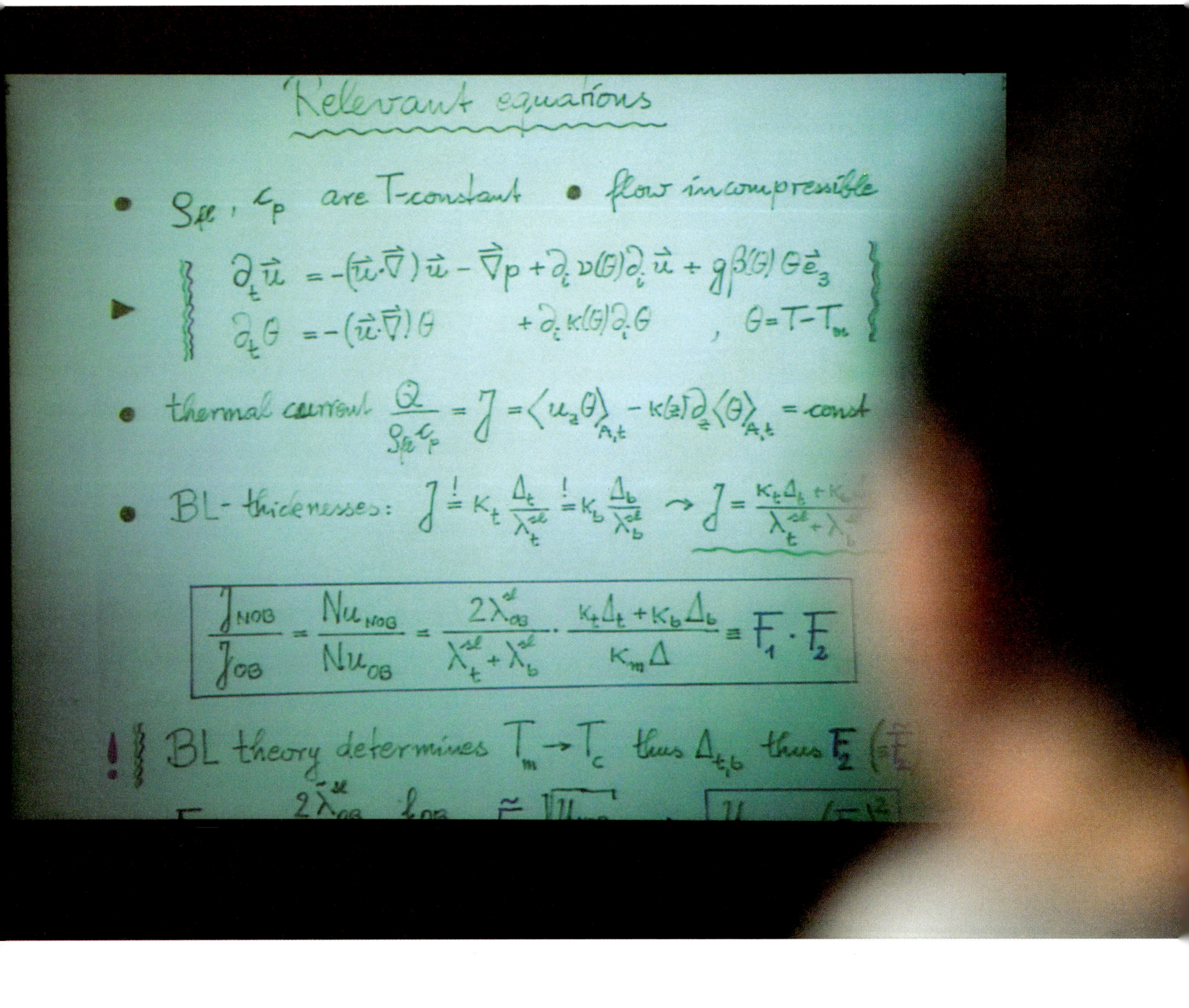
Relevant equations
ρ_{fl}, c_p are T-constant
flow incompressible
$\partial_t \vec{u} = -(\vec{u}\cdot\vec{\nabla})\vec{u} - \vec{\nabla}p + \partial_i \nu(\Theta)\partial_i \vec{u} + g\beta(\Theta)\Theta\vec{e}_3$
$\partial_t \Theta = -(\vec{u}\cdot\vec{\nabla})\Theta + \partial_i \kappa(\Theta)\partial_i \Theta$, $\Theta = T - T_m$
thermal current $\frac{Q}{\rho_{fl} c_p} = J = \langle u_z \Theta \rangle_{A,t} - \kappa(z)\partial_z \langle \Theta \rangle_{A,t} = const$
BL-thicknesses:
$\frac{J_{NOB}}{J_{OB}} = \frac{Nu_{NOB}}{Nu_{OB}} = \frac{2\lambda^{sl}_{OB}}{\lambda^{sl}_t + \lambda^{sl}_b} \cdot \frac{\kappa_t \Delta_t + \kappa_b \Delta_b}{\kappa_m \Delta} \equiv F_1 \cdot F_2$
BL theory determines $T_m \to T_c$ thus $\Delta_{t,b}$ thus F_2

Die Zukunft gedacht

Physikschulen im Physikzentrum Bad Honnef

Frederick Koch

Die drei Veranstaltungen im Physikzentrum, die ich geleitet habe, andere, die ich besucht habe, liegen nun schon 20 Jahre zurück. Was die Details angeht, sind die Erinnerungen an die Physikschulen und die Wilhelm und Else Heraeus-Seminare verblasst. Umso mehr aber ist mir bewusst geworden, was diese Schulen und Seminare für die Physik und die Hightech-Praxis in der Wirtschaft bewirkt haben.

Dem Motto „Die Zukunft gedacht" sind die Physikschulen in zweierlei Weise gerecht geworden. Zuerst denke ich an den Saal voller junger Physiker, die in entspannter Atmosphäre den Ausführungen der Experten zuhören dürfen, mit ihnen beim Nachmittagskaffee oder in später Abendrunde im Keller diskutieren können, um dann einige Jahre später das erlebte und erlernte Wissen in die Berufs-praxis einzubringen. Zweitens aber wurden durch die Schulen die großen Entwicklungen in der Physik, insbesondere solche, zu denen Deutschland einen international anerkannten Beitrag geleistet hat, etabliert und bewusst gemacht. Ich denke dabei an die Physik des zweidimensionalen Elektronengases oder an die Kurzzeitspektroskopie in der Laseroptik. Die Themen der Physikschulen spiegeln das Interesse und fachliche Können der Physikergemeinde, sie dienen aber auch dazu, das Arbeitsgebiet für die Zukunft zu sichern und bekannt zu machen.

Das Ambiente des Physikzentrums in Bad Honnef, in dem die Schulen stattfinden, ist einzigartig. Das wundersam schöne, alte Haus hat einen tiefen Eindruck auf die Teilnehmer gemacht. Der bekannte japanische Physiker Tsuneya Ando, der an einer Veranstaltung mitwirkte, kam am ersten Tag auf mich zu und sagte ganz entzückt: „...the place reminds me of something I have seen before in Disneyland." Die Villa in Bad Honnef hat sicherlich einen anderen Architekten gehabt als das berühmte „Haunted House" im Disneypark in Kalifornien, aber sie hat ihre Wirkung auf den japanischen Kollegen nicht verfehlt.

Der heutige Rückblick auf die Schulen und ihre Themen – „Physik und Mikroelektronik", „Hot Carriers in Quantum Wells" und „Quanten-Hall-Effekt" – zeigt, dass sie die Physik darstellen, die im Zeitalter der Informationstechnologie zu unserer Zukunft geworden ist. Es tut gut, darüber nachzudenken, wie nahe die Physik und die Mikroelektronik in den Jahren der Kilobit-Speicherbausteine beisammen waren. Die gemeinsamen Wurzeln der Physik und der Hightech-Elektronik gehen zurück in die 70er Jahre, als Physikergruppen begannen, sich mit dem zweidimensionalen Elektronengas zu beschäftigen. Die Zeiten haben sich geändert. Heute erfordert die Gigabit-Technologie eine optimale Prozessführung und höchste Anstrengungen, um die Technik zu perfektionieren. Die Physik in diesem Gebiet hat sich hingegen auf die Nobelpreise konzentriert. In den Schulen waren Physik und Mikroelektronik jedoch noch eng zusammen.

Der gemeinsame Weg von Physik und Hightech-Elektronik und -Optoelektronik war in den 80er Jahren ein besonderes Anliegen der Forschung bei der Siemens AG. Mein Mitorganisator der Schule war Industriephysiker. Materielle und ideelle Unterstützung für die Grundlagenforschung zum zweidimensionalen Elektronengas kam von der Siemens AG. Karl-Heinz Beckurts, seinerzeit Chef der Zentralen Forschung und Entwicklung bei Siemens, sagte mir damals, dass es uns gelingen muss, die besten jungen Köpfe an den Hochschulen für die Mikroelektronik zu gewinnen, um uns auf diesem Gebiet international behaupten zu können. Die Riege der Vizepräsidenten, Abteilungsleiter und Forscher bei Infineon und Siemens von heute waren damals junge Physiker in den Labors der Universitäten und Teilnehmer an den Physikschulen. Sie haben mit grundlegendem Verständnis von physikalischen Gegebenheiten den Weg in die Zukunft der Informationstechnologie gestaltet. Soweit mein „Rückblick in die Zukunft".

Die Physikschulen waren immer, wie die Physik selbst, international ausgerichtet und wurden mit Beteiligung von ausländischen Wissenschaftlern gestaltet. Naturgemäß entsprechen die Themen der Schulen solchen Gebieten, auf denen man in Deutschland eine gewisse Stärke hat. Die Schulen haben den Effekt, junge Wissenschaftler auf diesen Gebieten zu bilden, sie zu motivieren und sie wiederum zu eigenen Höchstleistungen zu animieren. In diesem Sinne bewirken es die Schulen, Gebiete der Physik zu etablieren. Darauf, dass man in Deutschland in der Physik des zweidimensionalen Elektronengases früh und führend dabei war, kann man stolz sein.

Die DPG-Schulen wurden damals von Herrn Debrus begleitet. Als lokaler Organisator und guter Geist des Hauses wachte er auch über Stil und Inhalt der Vorlesungen. Ich erinnere mich gut, wie er sich einmal vehement gegen die Unsitte aussprach, Hunderte von Folien auf den Projektor zu legen und sogleich wieder zu entfernen. Herr Debrus offerierte eine Flasche Champagner für den Vortragenden, der die wenigsten Folien benötigte, um ein Thema vollständig zu präsentieren.

Mein Beitrag „Silizium — der Stoff, aus dem die Mikroelektronik ist" ließ sich mit nur drei Folien (Kristallaufbau, Bandstruktur und einem elektronenmikroskopischen Bild eines MOS-Transistors) gestalten. Die etwa 30 zusätzlichen Folien hatte ich beiseite gelegt und stattdessen ein Stück Kreide benutzt. Dieser Vortrag war der klare Gewinner und wahrscheinlich einer der besten, den ich je zu diesem Thema gehalten habe.

Thinking the Future – Physics Schools at the Physikzentrum Bad Honnef

It is already 20 years ago that I chaired three events at the Physikzentrum and attended further ones. The details of the physics schools and the Wilhelm und Else Heraeus Seminars faded in my memory. But I became all the better aware of how much these schools and seminars contributed to physics and high-tech in practice for the economy.

The physics schools coped twofold with their motto "Thinking the Future". To begin with, I think of a lecture hall full of young physicists having the chance to listen to the experts in a relaxed atmosphere, to discuss with them during coffee breaks and, late in the evening, in discussion circles in the cellar. Years later, in their jobs, they still could make use of their acquired knowledge. But secondly these schools established and highlighted the important developments in physics, especially those to which Germany's contribution was internationally acknowledged. I'm thinking here of physics of the two-dimen-

sional electron gas or of pico- and femtosecond laser spectroscopy. The topics of the physics schools reflect interest and expertise of the physicists, but they grant as well a future to the field of activity and to its publicity.

The Physikzentrum in Bad Honnef where the schools take place has an unique ambiance. The strikingly beautiful old house deeply impressed the participants. The well-known Japanese physicist Tsuneya Ando, actively participating in one of the events, met me on the first day and said, with delight: "...the place reminds me of something I have seen before in Disneyland". Certainly the villa in Bad Honnef was not designed by the same architect as the "Haunted House" in Disneypark, California, but it did not miss its effect on my colleague from Japan.

Todays retrospective to the schools and their topics – "Physics and Microelectronics", „Hot Carriers in Quantum Wells", and "Quantum Hall Effect" – shows that they represent those physics which have become our future in the time of information technology. It is good to remember how closely related physics and microelectronics were when kilobit memory chips were developed. The common roots of physics and high-tech electronics date back to the 70s, when groups of physicists started to study two-dimensional electron gas. Time has changed. Today, gigabit memory technology requires optimal process control and tremendous efforts to warrant perfect technologies. Physicists in this field have focussed instead on issues promising Nobel Prizes. At the physics schools there was yet a close relation between physics and microelectronics.

In the 80s, research of the Siemens AG focussed especially on the cooperation between physics, high-tech electronics and optoelectronics. My co-organizer of the school was an industrial physicist. The Siemens AG provided material and ideal support for the fundamental research in two-dimensional electron gas. At that time, Karl-Heinz Beckurts, then head of the Siemens' central R&D department, told me that we had to succeed in gaining the best of the young university students for microelectronics, to be internationally competitive in that field. All tódays vice-presidents, heads of departments and researchers at Infineon were young physicists at the university laboratories then, and participated in the physics schools. With their fundamental understanding of physical facts they designed the path into the future of information technology. That was my little "retrospective into future" so far.

The physics schools, as physics itself, were always internationally oriented and co-organized by international scientists. Of course, the topics of the schools reflect research fields where scientists in Germany have a certain strength. The schools form and educate young scientists in these fields, motivate them, and encourage them to perform at their best. In that sense the schools have the effect to establish certain fields of physics. We may boast of the fact that German physicists belonged among those who early started and led the field of two-dimensional electron gas.

Mr Debrus conducted the DPG-schools then. Being the local organiser and good genius of the house he kept an eye on style and content of the lectures. I remember quite well the day when he fervently urged against the bad habit to put hundreds of transparencies on the projector and remove them immediately. Mr Debrus offered a bottle of champagne to the one who needed the fewest transparencies to comprehensively present her/his lecture. I could present my contribution "Silicon – the Material for Microelectronics" with merely three transparencies (crystal lattice, band structure, and an electron microscope image of a MOS-transistor). I had put aside my 30 additional transparencies and used a piece of chalk instead. This lecture was by far the winner and it was probably the best lecture on that subject I ever gave.

Physiklehrerweiterbildung der DPG am Physikzentrum

Volkhard Nordmeier, Werner B. Schneider, Michael Vollmer

Schon wenige Jahre nach der Gründung des Physikzentrums als Begegnungsstätte für Physiker wurde die Idee geboren, auch Lehrern eine fachliche Weiterbildung auf höchstem Niveau anzubieten. So fand die erste von der Deutschen Physikalischen Gesellschaft (DPG) geförderte, einwöchige Fortbildung im April 1983 unter Leitung von Horst Rollnik und Klaus Heinloth zum Thema „Energie – Physikalische Grundlagen ihrer Gewinnung, Umwandlung und Nutzung“ statt. Diese Fortbildungen fanden große Resonanz. Daher wurden ab 1989 regelmäßig pro Jahr zwei Kurse angeboten, die bundesweit von den zuständigen Ministerien als Fortbildung anerkannt waren. Es wurden aktuelle Themen aus der Forschung angeboten, die oft auch einen fachübergreifenden Aspekt abdeckten. Als Organisationsform hat sich etabliert, die Kurse in den Sommermonaten so zu legen, dass sie in einem großen Überlapp mit den Ferienterminen der Bundesländer zusammenfallen. Um auch die Belange des Unterrichts besser zu repräsentieren, werden in der Regel die Kurse von je einem Fachwissenschaftler und einem Physikdidaktiker organisiert, die Wert darauf legen, dass neben der rein fachlichen Fortbildung auch die didaktische Umsetzung für den Unterricht nicht zu kurz kommt. Dies führt übrigens gelegentlich auch dazu, dass sich der Hörsaal in ein Experimentallabor verwandelt (Abb. 1 + 2).

Themen der vergangenen Jahre waren beispielsweise Elementarteilchen, Kosmologie und Astrophysik, Grundlagen der Quantenmechanik, Oberflächenphysik, Nichtlineare Dynamik, Nichtlineare Optik, Spektroskopie und Laser, Kristallphysik und Supraleiter, Relativitätstheorien, Sensoren sowie Nanophysik und Nanotechnologien, aber auch fachübergreifende Themen wie Physik in der Medizin, Energie und Umwelt, Naturphänomene, Biophysik, Physik des Sports, Physik und Musik, Physik der Erde, Meteorologie sowie Geschichte der Physik.

Die Fortbildungen werden in der Regel von 50 bis 80 Teilnehmern aus ganz Deutschland besucht, was interessante Möglichkeiten zum Erfahrungsaustausch über das jeweilige Schulsystem schafft. Die Kurse sind so beliebt, dass viele, die einmal teilgenommen haben, gerne wieder an weiteren Sommerschulen teilnehmen. Am Ende eines Kurses findet jeweils eine Evaluierung statt, in der auch Vorschläge für zukünftige Themen gesammelt werden. Ein von Lehrern oft hervorgehobener positiver Kommentar betrifft die Möglichkeit des zwanglosen Informationsaustauschs mit den Vortragenden und auch mit den Kollegen während der Mahlzeiten (Abb. 3), abends in der Bürgerstube im Keller oder bei der meistens vorgesehenen Wanderung – eine Möglichkeit, die bei den sonst üblichen Lehrerfortbildungen in der Regel fehlt.

Auf Grund des großen Erfolgs der DPG-Sommerschulen für Lehrer, der sich in den konstant hohen Teilnehmerzahlen und hervorragenden Beurteilungen zeigt, wurde ab 2002 zusätzlich zu den einwöchigen Sommerschulen ein von der Wilhelm und Else Heraeus-Stiftung (WEH-Stiftung) unterstütztes einwöchiges Arbeitstreffen für Referendare und Lehramtskandidaten eingeführt, um auch diesem Adressatenkreis die vielfältigen Möglichkeiten des Physikzentrums anzubieten. Aus diesen Kursen erwuchs der Wunsch, auch Berufsanfängern schon frühzeitig berufsbezogene Weiterbildungsmöglichkeiten anzubieten. Daher hat die DPG ab 2006 zusätzlich einen dritten Lehrerfortbildungskurs für Berufseinsteiger ins Leben gerufen, der – wie das WEH-Arbeitstreffen – im Spätherbst im Physikzentrum Bad Honnef stattfindet.

Insgesamt demonstriert die DPG durch die Nutzung des Physikzentrums Bad Honnef als Fortbildungsstätte ihre Verantwortung für die Weiterbildung von Physiklehrerinnen und Physiklehrern. 30 Jahre Physikzentrum bedeuten somit auch 23 Jahre Physiklehrerweiterbildungen in Bad Honnef mit bisher 39 einwöchigen Veranstaltungen. Mit der stark nachgefragten 40. Fortbildung wird mit dem Thema

1) An den Lehrerfortbildungen nehmen in der Regel 50 bis 80 Physiklehrerinnen und Physiklehrer aus ganz Deutschland teil. (Physikzentrum)

2) Der neue Hörsaal des Physikzentrums wird zum Experimentallabor. (Physikzentrum)

3) Während der Mahlzeiten besteht die Möglichkeit zu zwanglosem Informationsaustausch mit den Vortragenden und auch mit den Kollegen. (Physikzentrum)

1) The advanced training courses for teachers are usually attended by 50 – 80 physics teachers from all over Germany. (Physikzentrum)

2) The new lecture room of the Physikzentrum becomes an experimental laboratory. (Physikzentrum)

3) During the meals there is the chance of an informal exchange of information with lecturers and colleagues. (Physikzentrum)

„Energie" (genauer: regenerative Energien) wieder das Thema aufgegriffen, mit dem die Fortbildungen 1983 starteten, ein Thema, welches zweifellos auch nochzukünftige Generationen von Physikern, Physiklehrern und Schülern beschäftigen wird.

Advanced Training of the DPG for Physics Teachers at th Physikzentrum *(Summary)*

Few years only after the Physikzentrum had been founded as a meeting place for physicists, the idea arose that teachers, too, should be offered a continued training in specialized subjects on a most advanced level. Thus, the first one-week training supported by the Deutsche Physikalische Gesellschaft took place in April 1983, chaired by Horst Rollnik and Klaus Heinloth. Its subject was: "Energy – Physical Fundamentals of its Recovery, its Conversion and Utilization". These training events met a

large echo. That was the reason why, from 1989, two courses per year were offered regularly, acknowledged by the relevant German federal governmental departments. The courses offered current research topics, often covering an interdisciplinary aspect.

The subjects in the past years were, e.g.: elementary particles, cosmology and astrophysics, fundamentals of quantum mechanics, nonlinear dynamics, nonlinear optics, spectroscopy and laser physics, crystal physics and superconductors, the theories of relativity, sensors as well as nano-physics and nano-technologies. Interdisciplinary topics like physics in medicine, energy and environment, natural phenomena, biophysics, physics of sports, physics and music, physics of the earth, meteorology, and history of physics were also discussed.

Usually, these advanced trainings are attended by 50–80 participants from all over Germany. Because of the great success of the DPG summer schools for teachers there was established, in 2002, a regular workshop for student and prospective teachers. These one-week workshops are supported by the Wilhelm und Else Heraeus Foundation, and they are held in addition to the one-week summer schools. The participants of these courses wished that advanced vocational training be offered also to newly graduated teachers very early. Therefore, the DPG launched an additional third advanced training course for teachers, also held in the Physikzentrum; this one explicitly for newcomers. Using the Physikzentrum Bad Honnef as a venue for courses, the DPG demonstrates its responsibility for the continued training of physics teachers.

3

Das Physikzentrum – Treffpunkt der DPG

Bernhard Nunner

Ein wichtiges, wenn nicht sogar das wichtigste Satzungsziel der Deutschen Physikalischen Gesellschaft (DPG) ist der Erfahrungsaustausch in Lehre, Forschung und Anwendung. Neben der Informationsverbreitung durch Fachartikel in Zeitschriften oder durch Vorträge auf großen internationalen Konferenzen ist auch die direkte Kommunikation zwischen Physikerinnen und Physikern für ihre wissenschaftliche Arbeit von großer Bedeutung. Deshalb war die DPG Ende der sechziger Jahre des letzten Jahrhunderts auf der Suche nach einem geeigneten Kommunikationszentrum. Eine Weile plante sie hierfür sogar einen Neubau im Sauerland. Vor diesem Hintergrund ist es nicht verwunderlich, dass die DPG von Anfang an daran beteiligt war, das Gebäude der Elly-Hölterhoff-Böcking-Stiftung in Bad Honnef am 12. Juni 1976 in das Physikzentrum, eine physikalische Tagungs- und Begegnungsstätte mit Übernachtungskapazitäten, umzuwandeln.

Zwischen der Elly-Hölterhoff-Böcking-Stiftung der Rheinischen Friedrich-Wilhelms-Universität Bonn und der DPG wurde im Jahr 1985 vertraglich vereinbart, dass die DPG mit Wirkung vom 1. Januar 1986 Trägerin des Physikzentrums Bad Honnef ist und mit Unterstützung der Universität Bonn dieses Zentrum als wissenschaftliche Tagungs- und Begegnungsstätte betreibt. Der Vertrag weist dem Physikzentrum die Aufgabe zu, sowohl die physikalische Forschung durch Intensivierung des Gedanken- und Erfahrungsaustauschs und der wissenschaftlichen Zusammenarbeit im nationalen und internationalen Rahmen als auch die naturwissenschaftlich-technische Fortbildung zu fördern. Ein Kuratorium, in dem die drei Partner DPG, Universität Bonn und Land Nordrhein-Westfalen vertreten sind, ein Wissenschaftlicher Leiter mit einem Wissenschaftlichen Sekretär sowie der vom DPG-Vorstandsrat gewählte Wissenschaftliche Beirat sind für die Arbeit des Physikzentrums verantwortlich.

Das Physikzentrum hat sich im Laufe der Jahre zu einem herausragenden Begegnungszentrum und wissenschaftlichen Diskussionsforum der Physik in Deutschland und auch darüber hinaus entwickelt. Inzwischen ist es sogar zu einem internationalen Markenzeichen geworden. So ist es längst keine Ausnahme mehr, dass Physikerinnen und Physiker in anderen europäischen Ländern, aber auch in Asien oder in den USA, den Begriff Physikzentrum und den Ort Bad Honnef kennen, entweder weil sie selbst an einer Veranstaltung in Bad Honnef teilgenommen oder zumindest darüber gehört haben. Die ausländischen und inländischen Gäste schätzen die herausragende wissenschaftliche Atmosphäre und außerdem das besondere Ambiente des Physikzentrums, das vom Rhein und vom Siebengebirge eingerahmt wird. Ein Beleg für den hohen Bekanntheitsgrad des Physikzentrums im Weltmaßstab ist die Tatsache, dass selbst eine gezielte Suche der Stichworte „Physikzentrum" und „Bad Honnef" auf chinesischen oder japanischen Internetseiten viele Treffer mit Beiträgen zu wissenschaftlichen Veranstaltungen oder Photos von Teilnehmergruppen im Physikzentrum ergibt.

Neben der wissenschaftlichen Kommunikation widmet die DPG auch der Förderung des Nachwuchses und seiner beruflichen Zukunft besondere Aufmerksamkeit. Im Physikzentrum haben junge Nachwuchswissenschaftlerinnen und -wissenschaftler die Möglichkeit, mit etablierten Forscherpersönlichkeiten bis hin zu „Weltstars" der Physik in einen intensiven und ungestörten Dialog einzutreten. Ein wichtiges Format hierfür sind die einwöchigen DPG-Schulen für Physik, die von der Wilhelm und Else Heraeus-Stiftung finanziell gefördert werden (s. Beitrag von D. Röß). In den Jahren von 1980 bis 2005 fanden im Physikzentrum fast 60 DPG-Schulen mit insgesamt ca. 3 000 jungen Physikerinnen und Physikern statt. Die DPG-Schulen behandeln in vertiefter Form aktuelle Themen der modernen Physik.

Außerdem engagieren sich das Physikzentrum und die DPG schon seit vielen Jahren mit eigenen Mitteln und mit Unterstützung durch verschiedene Stiftungen bei der Beratung zu Ausbildung und Beruf. Von 1990 bis 2005 wurden 32 einwöchige Veranstaltungen der Lehrerfort- und -weiterbildung mit mehr als 1 500 Teilnehmern durchgeführt (s. Beitrag von V. Nordmeier u. a.). Wegen des erkennbar großen Bedarfs in der Zukunft werden solche Fortbildungsveranstaltungen noch an Bedeutung gewinnen. Die Lehrerfortbildungsveranstaltungen im Physikzentrum sollen nicht mit den Veranstaltungen von Universitäten oder privaten Trägern konkurrieren. Bei den Fortbildungen im Physikzentrum wird weniger der „normale" Schulstoff vermittelt, sondern es soll weit darüber hinausgehende, Begeisterung weckende neue Physik vorgestellt werden. Dabei wird darauf geachtet, dass diese moderne Physik auch mit den technischen Möglichkeiten einer typischen Schulausrüstung erschlossen werden kann. In Ergänzung der Fortbildungsveranstaltungen sind auch Begegnungen zwischen Studierenden im Hauptstudium und Gesprächspartnern aus der Industrie begehrte Veranstaltungen des Physikzentrums, durch die der Übergang vom Studium zum Beruf erleichtert werden soll. Eine weitere, regelmäßige Veranstaltungsreihe widmet sich dem Forschungsmanagement in der Physik.

Über die geschilderte Bedeutung als Tagungs- und Fortbildungsstätte hinaus ist das Physikzentrum für die DPG aber sehr viel mehr. Im Jahr 2005 durchbrach die DPG die Marke von 50 000 Mitgliedern und ist somit nicht nur die älteste, sondern auch die größte physikalische Fachgesellschaft in der Welt. Führt man sich vor Augen, dass die Veranstaltungen des Physikzentrums jährlich von mehr als 5 500 Teilnehmern besucht werden und dass das Gebäude des Physikzentrums auch die Geschäftsstelle der DPG beherbergt, so kann man das Physikzentrum ohne Zweifel als den Dreh- und Angelpunkt der DPG ansehen, deren Vereins- und Gremienmitglieder über ganz Deutschland und darüber hinaus verteilt sind.

Die DPG-Geschäftsstelle ist nicht nur der Ort der Geschäftsführung der DPG sowie der Verwaltung der Mitgliedschaften von mehr als 50 000 Personen und der Finanzen des Vereins; sie ist auch eine Schnittstelle zwischen dem Verein DPG und den vielen Besuchern des Physikzentrums. In persönlichen Gesprächen kommt es dabei oft zu einem Nachdenken über neue Aktivitäten, und die Mitglieder der Geschäftsstelle erhalten eine direkte Rückkopplung zu Entwicklungen innerhalb der DPG. Neben

Eine für die DPG ganz besonders wichtige Veranstaltung ist der „Tag der DPG", der seit 1980 jährlich am Ende der zweiten Novemberwoche im Physikzentrum stattfindet. Während der knapp drei Tage dauernden Veranstaltung treffen sich die meisten der Gremien der DPG zu ihren Sitzungen. Der Vorstandsrat, das von den Mitgliedern gewählte Parlament der DPG, und der Vorstand kommen zu Ihren Herbstsitzungen zusammen. Im Konvent werden gemeinsam von Vorstand, Fachverbänden und Geschäftsführung wichtige künftige Aktivitäten geplant und die Zusammenarbeit besprochen. Die Preiskomitees wählen aus den Nominierungen die Preisträgerinnen und Preisträger des Folgejahres aus. Die Herausgeber des Physik Journals legen die Randbedingungen für die Weiterentwicklung der Mitgliederzeitschrift der DPG fest, deren Auflage mittlerweile auf mehr als 50 000 gestiegen ist.

den bereits geschilderten Verwaltungsarbeiten werden in der Geschäftsstelle viele der Projekte der DPG organisiert: Die Vorbereitung der Frühjahrstagungen der DPG, zu denen inzwischen mehr als 8 000 Teilnehmer pro Jahr begrüßt werden können, erfolgt in einem engen Wechselspiel zwischen den örtlichen Tagungsleitungen, den Fachverbänden und der Geschäftsstelle. Weitere Beispiele sind die kostenlose einjährige Mitgliedschaft und der DPG-Buchpreis, mit denen jährlich rund 8 000 Abiturientinnen und Abiturienten für hervorragende Leistungen im Fach Physik belohnt werden. Hierzu ist die Kommunikation mit ca. 3 000 Schulen erforderlich.

Während des Tages der DPG sind sämtliche Sitzungsräume im Physikzentrum von früh bis spät belegt und die Bettenkapazität des Physikzentrums reicht bei weitem nicht aus, so dass auch die örtlichen Hotels von dieser Veranstaltung regelmäßig profitieren. Neben den vielen Gremiensitzungen besteht der Tag der DPG traditionell auch aus einem öffentlichen Teil, bei dem seit dem ersten Tag der DPG im Jahr 1980 eine Diskussionsveranstaltung zu einem aktuellen Thema aus dem Bereich der Physik und ihrer Ausstrahlung in die Politik, Kultur oder Gesellschaft einen zentralen Platz einnimmt. Das Spektrum der Themen reicht von „Festkörperphysik: Quo vadis?" (1980) bis „Die Promotion in der Physik – ein Opfer des Bologna-Prozesses?" (2005). Die Diskussionsveranstaltung am Tag der DPG und das nachfolgende gemeinsame Abendessen sind Gelegenheiten zum intensiven Meinungsaustausch. Viele Gäste aus den Forschungsförderungsorganisationen, der Politik und befreundeten Fachgesellschaften folgen der Einladung der DPG gern und regelmäßig und kommen als Freunde und Förderer zum Tag der DPG.

In einer Vitrine vor den Geschäftsräumen der DPG sind aktuelle Urkunden zu Preisen der DPG ausgestellt. Sie verweisen auf eine weitere wichtige Aktivität der DPG: die Verleihung von Preisen für wissenschaftliche Höchstleistungen, aber auch für besondere Leistungen des wissenschaftlichen Nachwuchses. Seit 1985 wird im Rahmen der öffentlichen Veranstaltung am Tag der DPG einer dieser Preise verliehen: Mit der Medaille für naturwissenschaftliche Publizistik ehrt die DPG jährlich Persönlichkeiten, die zur Verbreitung naturwissenschaftlich-physikalischen Denkens im deutschsprachigen Raum in hervorragender Weise beigetragen haben. Die Liste der Medaillenempfänger reicht vom TV-Moderator Ranga Yogeshwar über den Buchautor Ernst-Peter Fischer bis zum „Bauwagenlaborleiter" Peter Lustig aus dem Kinderprogramm.

Mit dem Wandel des Gebäudes haben sich auch die Rahmenbedingungen für die Tage der DPG verändert: Bis zur Einweihung des neuen Hörsaals im Jahr 2003 fanden die Vorstandsratsitzung und die öffentliche Veranstaltung im alten Hörsaal statt, dessen Kapazität dabei deutlich überschritten wurde. Trotz seiner räumlichen Mängel wurden auch in dieser Zeit die Tage der DPG gerne besucht. Seit der Fertigstellung des neuen „Wilhelm und Else Heraeus-Hörsaals" haben sich die Verhältnisse grundlegend verbessert und der Komfort ist deutlich gestiegen (s. Beitrag von D. Scheven). Publikum und Medienvertreter können nun das Geschehen im klimatisierten Hörsaal gut verfolgen – und zwischendurch kann der Blick der Teilnehmer durch die Fenster in den wunderschönen Park schweifen. Während früher das anschließende Buffet auf langen Tischen in den Fluren des Physikzentrums aufgebaut wurde, wird es nun im Glasfoyer zwischen Hörsaal und Altgebäude präsentiert. Dieser Raum ist mehr als eine gelungene architektonische Verbindung zwischen diesen beiden so verschiedenen Gebäudeteilen. Er hat sich auch zu einem sehr beliebten Treffpunkt und Ort der Kommunikation entwickelt.

Abschließend kann festgestellt werden, dass die DPG mit dem Physikzentrum in Bad Honnef eine Heimat, einen begehrten Treffpunkt für ihre vielen Mitglieder und einen sehr geeigneten Standort für ihre Geschäftsstelle gefunden hat. Gemeinsam mit ihren Partnern wird die DPG dieses bereits schon jetzt so wundervoll gelungene Projekt systematisch weiterentwickeln.

The Physikzentrum – The Meeting Place of the DPG *(Summary)*

The exchange of knowledge in theory, research and application is an important statute of the German Physical Society (DPG) and the direct communication between physicists is of great significance for their scientific work. This was one of the reasons why the DPG was involved in the search for a suitable communication centre towards the end of the nineteen-sixties. It was therefore not surprising that the DPG was involved right from the very start in the process that led to the conversion of the Elly Hölterhoff-Böcking Foundation building in Bad Honnef into the present day Physikzentrum on 12th June 1976. The DPG has been the body responsible for the Physikzentrum Bad Honnef since 1st January 1986 and operates it as a scientific conference and meeting venue with the support of the University of Bonn.

Over the years the Physikzentrum has developed into an excellent meeting place and scientific discussion forum for the physics community in Germany and beyond. In the meantime it has even become an international trademark. Therefore it is no longer an exception when physicists in other European countries – or even in Asia or the USA – have heard of or know the Physikzentrum and the town of Bad Honnef. The foreign and domestic guests appreciate the excellent scientific atmosphere and the special ambiance of the Physikzentrum, surrounded by the Rhine and the Seven Hills.

The DPG is especially dedicated to the promotion of the younger generation of scientists and the professional future in the disciplines. The Physikzentrum provides the younger generation of scientists with the opportunity to enter into intensive dialogue with established researchers and scientists. The one-week DPG physics schools, which are financially sponsored by the Wilhelm and Else Heraeus Foundation, are an essential contribution in this concept. Between 1980 and 2005, the Physikzentrum hosted almost 60 DPG physics schools with altogether nearly 3 000 young physicists and in addition, the Physikzentrum and the DPG are also involved in careers advice. From 1990 to 2005, the Physikzentrum has also hosted 32 one-week events, with more than 1 500 participants, dedicated to the provision of advanced training and further education for teachers.

The more than 50 000 members make the DPG the largest physical society in the world. The headquarters of the DPG are in the Physikzentrum, making it the pivotal point of the DPG. Many of the DPG's projects are organised here, such as the preparation of the "Spring Conferences" of the DPG, which welcome more than 8 000 participants per year, or the free one-year membership and the book prize awarded by the DPG, with which about 8 000 high school graduates are annually commended for outstanding performances in the subject of physics.

Another particularly important event organised by the DPG is the "Tag der DPG" (or DPG Day), which takes place in the Physikzentrum every November. During the three-day conference, nearly all of the committees of the DPG come together for their meetings and to plan and discuss future activities. The award committees choose the winners of the prizes for the next year from the nominees. The editors of the Physik Journal define the framework conditions for the further development of the member journal of the DPG, which has a circulation of more than 50 000 copies. Since 1985 there has also been a public event at the DPG Day during which the DPG annually awards a medal for scientific journalism and honours those who have played an outstanding role in spreading the scientific and physical thinking in the German speaking countries. While sitting in the modern and comfortable "Wilhelm and Else Heraeus" lecture hall, the audience and representatives of the press can follow what is going on and every now and again allow their view to wander out of the window to the beautiful park.

Finally one may conclude that in the Physikzentrum Bad Honnef, the DPG has found a home, a desirable meeting place for its many members and a very suitable location for its headquarters. Together with its partners the DPG shall continue to systematically further develop this project, which is already such a wonderful success.

Die Zukunft unserer Gesellschaft

Was kann die Wilhelm und Else Heraeus Stiftung beitragen?

Dieter Röß

Seit nunmehr 30 Jahren ist das Physikzentrum in Bad Honnef das Zentrum der Deutschen Physikalischen Gesellschaft. Wir können heute auf eine praktisch gleich lange Periode enger und fruchtbarer Zusammenarbeit zwischen der DPG als „unserer Gesellschaft" und der Stiftung zurückblicken, und darin spielt das Physikzentrum eine wichtige Rolle. Das jetzige Jubiläum ist daher ein willkommener Anlass, Inhalt und Ausmaß der Stiftungstätigkeit in ihrem Zusammenwirken mit der DPG darzustellen.

In diesen 30 Jahren haben sich wesentliche Randbedingungen der gesellschaftlichen Entwicklung in der Bundesrepublik Deutschland geändert, und es erscheint angemessen, auch darüber nachzudenken, welchen Beitrag die Physik für die zukünftige Entwicklung dieser „unserer Gesellschaft" leisten kann und welchen Einfluss das auf die Zielrichtung der Stiftung hat.

Ursprung der Zusammenarbeit zwischen Stiftung und DPG

Dr. Wilhelm Heinrich Heraeus, ein Enkel des Firmengründers der heutigen Heraeus-Firmengruppe, und seine Frau Else errichteten 1963 eine kleine, gemeinnützige Stiftung, die neben der Wahrnehmung sozialer Förderziele auch die Forschung in der Physik unterstützen sollte. Der Anlauf war mühsam, da ein inhaltliches Konzept erst entstehen musste und es sich als nicht einfach erwies, isolierte Einzelprojekte immer mit dem Kriterium der Gemeinnützigkeit in Einklang zu bringen.

In dieser Suchphase erwies sich ein Treffen zwischen dem damaligen Präsidenten der DPG, Prof. Dr. Werner Buckel, und dem Ehepaar Heraeus im Jahre 1972 als wahrer Glücksfall. Werner Buckel konnte für die Stifter nicht nur Vorschläge für ein unproblematisches, konkretes Programm unter Zusammenarbeit der Stiftung mit der DPG entwickeln, sondern er gewann auch rasch das Vertrauen des Stifterehepaars, das sich in der Folge auch auf die DPG als Gesellschaft übertrug.

Die Stiftung erhielt eine Neuausrichtung auf die „Grundlagenforschung in den Naturwissenschaften", wobei in einer 1972 verabschiedeten Satzung die Zusammenarbeit mit der DPG institutionalisiert wurde: In Zukunft sollte ein Mitglied des dreiköpfigen Vorstands von der DPG gestellt werden. Bis zu seinem altersbedingten Rückzug 1993 war dies Prof. Dr. Werner Buckel, sein Nachfolger wurde Prof. Dr. Joachim Treusch. Werner Buckel hat in seinem Beitrag zur Festschrift *150 Jahre Deutsche*

Physikalische Gesellschaft diese Entwicklung detailliert und liebevoll beschrieben [1].

Nach den Regeln des Stiftungsrechts sollte die Stiftung aber auch selbst aktiv tätig werden. In der Satzung war dafür vorgesehen: „...*die Veranstaltung von Fachtagungen und Seminaren, die von der Stiftung ausgerichtet und abgehalten werden, und die der Zusammenfassung von Forschungsergebnissen sowie deren Weiterentwicklung dienen sollen.*“ Außerdem war vorgesehen, gemeinsam mit der DPG über die Förderung einzelner Forschungsarbeiten zu entscheiden. Dieses Ziel erwies sich rasch als unrealistisch, da der insgesamt verfügbare jährliche Förderbetrag von ca. 20 000 DM dafür zu gering war. Infolgedessen konzentrierte sich ab 1975 und bis zum Tod der Stifter 1985 bzw. 1987 die Tätigkeit ganz auf die Organisation der inzwischen hoch angesehenen Heraeus-Seminare.

Innerhalb kurzer Zeit kristallisierte sich auch heraus, worin das Spezielle dieser zunächst drei bis vier Veranstaltungen pro Jahr liegen konnte: mehrtägige Präsentation von aktuellen Forschungsgebieten in Vorträgen von herausragenden Repräsentanten des Fachgebiets, Einbeziehen junger Nachwuchswissenschaftler, ausreichend bemessene Zeit für Diskussion, enger persönlicher Kontakt, insbesondere auch durch eine gesellige Abendveranstaltung. Das neu verfügbare Physikzentrum in Bad Honnef wurde dafür der ideale und nahezu ausschließliche Tagungsort.

Neben Grundlagenthemen wurden besonders auch Themen an der Schnittstelle verschiedener klassischer Fachgebiete gewählt, wie etwa Laseranwendungen in Medizin und Technik. Hierin drückte sich einerseits das Interesse des Industriellen Wilhelm Heinrich Heraeus an der möglichen Umsetzung von Forschungsergebnissen in Innovationen aus, andererseits das Interesse seiner Frau Else „*auch einmal etwas zu behandeln, das für die Menschen unmittelbar nützlich ist*“.

Rückblickend betrachtet, zeichnete sich bereits in dieser Phase eine strategische Ausrichtung sowohl auf die Förderung des wissenschaftlichen Nachwuchses als auch auf die langfristige Innovationswirkung von Grundlagenforschung ab.

In Anerkennung seiner großen Verdienste verlieh die Deutsche Physikalische Gesellschaft Dr. Wilhelm Heinrich Heraeus 1984 die Ehrenmitgliedschaft und benannte einen Raum des Physikzentrums nach ihm.

Weiterentwicklung nach dem Ableben der Stifter

Nach dem Tod von Dr. Wilhelm Heinrich Heraeus 1985 im Alter von fast 85 Jahren, von denen er nicht weniger als 60

Jahre aktiv als Physiker, Entwicklungsleiter, Geschäftsführer und Aufsichtsrat in der W. C. Heraeus GmbH tätig gewesen war, wurde in der aktualisierten Satzung von 1986 durch Else Heraeus ein festes, zunächst noch bescheidenes Stiftungskapital in Form von Geschäftsanteilen der Heraeus Holding GmbH festgelegt und zudem in Aussicht gestellt, dass nach ihrem eigenen Ableben der Stiftung weitere Geschäftsanteile zufließen würden. In der Tat erbte die Stiftung nach dem Tod der Stifterin 1987 im Alter von 84 Jahren die gesamten Geschäftsanteile des Ehepaars, so dass sie seitdem der größte unter den Gesellschaftern der Heraeus-Gruppe ist.

Mit diesem reichen Erbe war der verfügbare Finanzrahmen über Nacht um rund zwei Größenordnungen erweitert. Das Stifterehepaar hatte bewusst darauf verzichtet festzulegen, wie die Stiftung in dieser neuen Größenordnung weiterzuentwickeln sei, und dem nunmehr aktiven Vorstand

(Werner Buckel, Dieter Röß als Nachfolger von Wilhelm Heinrich Heraeus und Wilhelm Ernst Heraeus als Nachfolger seiner Tante Else) dafür Gestaltungsfreiheit gelassen.

Für die Organisation der Stiftung wurde nun eine eigene Geschäftsstelle geschaffen, deren Leitung als Geschäftsführer Dr. Volker Schäfer übernahm (seit dessen Pensionierung 1998 ist Dr. Ernst Dreisigacker Geschäftsführer), unterstützt durch Jutta Lang als Assistentin der Geschäftsführung sowie Jutta Hartmann (bis 1999) und Heike Uebel. Die Arbeitsteilung zwischen dem ehrenamtlich tätigen Vorstand und der hauptamtlichen Geschäftsführung wurde so geregelt, dass der Vorstand maßgebend neue Förderziele und -programme konzipiert und über Einzelprojekte entscheidet, während die Geschäftsführung in großer Freiheit Projekte organisiert und durchführt und den Kontakt zu den Projektpartnern pflegt.

Für die Beratung des Vorstands und der Geschäftsführung wurde ein ehrenamtlich tätiger Wissenschaftlicher Beirat berufen, der zweimal jährlich tagt, alle vorgelegten Projekte inhaltlich beurteilt und bei Überlegungen zu neuen Ideen maßgebend mitwirkt. In ihm arbeiten heute folgende Kolleginnen und Kollegen mit: Gunnar Berg, Ernst Göbel, Günther Hasinger, Wolfgang Heckl, Bernhard Kramer, Jürgen Mlynek, Berthold Schoch, Petra Schwille und Knut Urban. Der jeweilige Vizepräsident der DPG gehört dem Beirat ex officio an.

Frühere, verdiente, berufene Mitglieder waren die Kollegen Hans-Joachim Queisser, Fritz-Peter Schäfer, Werner Martienssen, Arthur Scharmann, Friedrich Hensel, Herbert Walther, Erich Sackmann und Eberhard Umbach sowie als Ex-officio-Mitglieder die Kollegen Joachim Trümper, Otto Folberth, Theo Mayer-Kuckuk, Hans Günther Danielmeyer, Markus Schwoerer, Alex Bradshaw, Dirk Basting und Roland Sauerbrey.

Für die Stiftung ist es von größtem Wert, dass höchstqualifizierte Kolleginnen und Kollegen gerne und begeistert ehrenamtlich an ihrer Entwicklung mitarbeiten. Dazu eine kleine Anekdote: Bei Ausscheiden von Herrn Buckel war Joachim Treusch unser Wunsch-Nachfolger. Als ich ihn fragte, ob er bei seinen zeitraubenden und verantwortungsvollen Aufgaben zusätzlich im Vorstand der Stiftung tätig werden könne, meinte er: „Wohl kaum jemals, außer gelegentlich am Wochenende." Meine Antwort war: „Jemanden, der unter der Woche Zeit hat, wollen wir in unseren Gremien gar nicht haben." Dieses Qualitätsargument war für ihn überzeugend – er war dann *immer* verfügbar.

Mit dem größeren finanziellen Rahmen konnte auch das inhaltliche Programm erweitert werden. Ein Kernthema blieben die Heraeus-Seminare, deren Zahl auf 15 bis 20 im Jahr wuchs, begrenzt nunmehr eher durch die Anzahl der qualifizierten Vorschläge als durch die verfügbaren Mittel. Entsprechend der oben beschriebenen strategischen Zielrichtung wurden eine Reihe von weiteren, auf den wissenschaftlichen Nachwuchs ausgerichteten Programmen aufgenommen, teils in Eigenregie der Stiftung durchgeführt, teils von der DPG organisiert. Hierüber wurde in der Festschrift *20 Jahre Physikzentrum Bad Honnef* berichtet [2].

Von den Fördermitteln der Stiftung gehen im Durchschnitt der letzten Jahre 40 % an die DPG für die Finanzierung der von ihr beantragten und durchgeführten Projekte, 60 % fließen in Projekte, die von der Stiftung organisiert werden, davon gut die Hälfte zur Finanzierung der Heraeus-Seminare.

Mit ihren Veranstaltungen ist die Stiftung der größte Nutzer des Physikzentrums, das sie zu etwa 40 % auslastet. Mit der Errichtung des 2002/2003 gemeinsam mit der DPG, dem Bundesland

NRW, der Volkswagen-Stiftung und der Elly-Hölterhoff-Böcking-Stiftung finanzierten *Wilhelm und Else Heraeus Hörsaals* wurde ein hochmoderner und komfortabler Vortragsaal geschaffen und das Physikzentrum zukunftssicher ausgebaut.

Stiftungen können grundsätzlich in einem sehr weitgesteckten Rahmen tätig werden, und jede Stiftung muss bei ihren notwendigerweise begrenzten Mitteln eine Strategie entwickeln, wie sie diese optimal einsetzt. Unser Ziel ist es, die Mittel der *Wilhelm und Else Heraeus Stiftung* mit möglichst großer Hebelwirkung für die Grundlagenforschung einzusetzen, als eine der Voraussetzungen für den zukünftigen Wohlstand der deutschen Gesellschaft.

Das schließt Tätigkeitsfelder aus, die wichtige Ziele anderer Stiftungen mit anderen Zielsetzungen sein können. Ein Beispiel wäre die Dotierung von Stiftungslehrstühlen; hier ist bei hohem Einzelbedarf die allgemeine Hebelwirkung gering. Ebenso schließen wir aus, Mittel dort einzusetzen, wo der Staat seine Verpflichtungen nicht erfüllt, weil hier ein sehr großer und breiter Mittelbedarf mit geringer Hebelwirkung im Einzelfall verbunden ist. Unsere Selbstbegrenzung schließt auch die Förderung internationaler Projekte aus, wenn diese nicht erkennbar mit langfristigem Nutzen für die deutsche Gesellschaft verbunden sind. Die erwünschte Hebelwirkung lässt uns immer wieder darüber nachdenken, wo die tieferen Ursachen für Fehlentwicklungen liegen, an welcher Stelle und in welcher Stufe des vielschichtigen Evolutionsprozesses von Forschung und Innovation die Mittel der Stiftung mit größter Aussicht auf eine beabsichtigte Wirkung ansetzen können.

Für die *Wilhelm und Else Heraeus Stiftung* bleibt die Förderung des wissenschaftlichen Nachwuchses das Hauptziel. In ihr sehen wir die höchste Hebelwirkung für den Stiftungszweck. Ihr zuliebe durchbrechen wir gelegentlich auch „Grundsätze", wie im Beispiel der „Bibliotheksspende", wo es

in einer ausgesprochenen Notsituation der Bibliotheken um die ausreichende Ausrüstung Studierender mit Lehrbüchern ging.

Im Vergleich zu einer aus Steuermitteln gespeisten Finanzierungsquelle hat eine Stiftung große Vorteile. Der Vorstand muss zwar die allgemeinen Stiftungsbedingungen einhalten, z. B. das satzungsgemäße Stiftungsziel und das Gebot der Gemeinnützigkeit, er ist aber innerhalb dieses sehr allgemeinen Rahmens in seinen Entscheidungen frei. Daher kann er schnell handeln, beim Betreten von Neuland mutig Risiken eingehen und erkannte Fehlentwicklungen rasch korrigieren. Er unterliegt nicht dem politischen Zwang, es allen Interessentengruppen recht zu machen und seine Mittel „gerecht" zu verteilen. Er kann sich auf für wichtig Befundenes konzentrieren und versuchen, Signale auch außerhalb des „Mainstream" zu setzen. Zudem ist er nicht gezwungen, kurzfristig Erfolge nachzuweisen, und kann als wichtig erkannte Programme geduldig über lange Zeit verfolgen – wobei im Bereich von Ausbildung und Grundlagenforschung die relevante Zeitperiode wohl eher in einer Generation zu bemessen ist.

Eine Stiftung ist langfristig – quasi ewig – angelegt. Insofern muss der in einer Satzung festgelegte Stiftungszweck von Zeit zu Zeit überdacht werden: Erfüllt er weiter die bekannten oder zu vermutenden Intentionen der Stifter, wenn man den von ihnen natürlich nicht vorhersehbaren, inzwischen erfolgten Wandel der Zeitumstände berücksichtigt? Glücklicherweise lassen die Grundsätze des Stiftungsrechts eine Änderung der Stiftungssatzung zu, wenn diese erkennbar mit dem generellen Stifterwillen übereinstimmt.

Bis Mitte der 90er Jahre orientierte sich die Förderung des wissenschaftlichen Nachwuchses durch die *Wilhelm und Else Heraeus Stiftung* an der qualitativen Förderung der vorhandenen Physik-Studierenden. Dann wurde dem Vorstand zu-

nehmend bewusst, dass hier auch ein quantitatives Problem vorliegt: Es entscheiden sich zu wenige Abiturienten für ein Physikstudium (wie überhaupt für „schwere", technische Fächer), um den erkennbaren Bedarf der zukünftigen deutschen Gesellschaft zu decken. Die Ursachen dafür liegen offensichtlich im voruniversitären Bereich, und dort galt es einzuwirken. Mit einer weitreichenden Satzungsänderung wurde 1999 der Stiftungszweck auf „*...Förderung der Forschung und Ausbildung auf dem Gebiet der Naturwissenschaften...*" erweitert, so dass nunmehr sowohl die Ausbildung an der Hochschule als auch an den vorgeschalteten Schulen einer Förderung durch die Stiftung offen stand.

Programme der *Wilhelm und Else Heraeus Stiftung*

In der nachfolgenden Tabelle sind alle von der Stiftung geförderten Programme aufgeführt, auch inzwischen abgeschlossene. Nähere Einzelheiten dazu sind auf der Internet-Präsentation der Stiftung zu finden [3]. Bemerkenswert ist die große Zahl der geförderten Teilnehmer, die mit den einzelnen Programmen im Lauf der Jahre erreicht wurde.

Förderprogramm	**Dauer**	**Personenkreis (Teilnehmerzahl)**	**Bemerkungen**
WE-Heraeus-Seminare	seit 1975	Wissenschaftlerinnen und Wissenschaftler (ca. 21100)	370 Seminare, davon 266 im Physikzentrum, ca. 1/3 ausländische Teilnehmer; Themen aus aktuellen Forschungsgebieten der Physik und Nachbarwissenschaften
WE-Heraeus-Schulen für Physik, Tagungen, Lehrerfortbildungen	seit 1988	Studierende, Doktoranden (ca. 2 500)	57 Veranstaltungen: Schulen über aktuelle Themen, die noch nicht in Lehrbüchern behandelt sind
WE-Heraeus-Ferienkurse in den neuen Bundesländern	1992 - 2004	Studierende, Doktoranden (ca. 2 500)	54 Kurse: Konzept wie Physikschulen, Förderung der Begegnung von ost- und westdeutschen Jungwissenschaftlern
WE-Heraeus-Schülerförderung	seit 1999	Schüler, Lehrer, Fachbereiche, Öffentlichkeit	ca. 50 Projekte: Musterprojekte an Schulen, Schülerwettbewerbe, Ausstellungen, Curriculumsentwicklung
WE-Heraeus-Studienförderpreis zur Verkürzung der Studiendauer	1991 - 2003	Diplomphysikerinnen und -physiker nach Studienabschluss (570)	1991-1998 in Hessen: 450 Preisträger; 1997-2003 in Berlin: 120 Preisträger; Preisgeld 2 500 DM
WE-Heraeus-Physikstudienpreis	seit 2004	Diplomphysikerinnen und -physikernach Studienabschluss	jährlich 10 beste Diplom-Absolventen der drei Berliner Universitäten und der Uni Potsdam; Preisgeld 1500 ¤
WE-Heraeus-Masterstipendien	1998 - 2003	ausländische Studierende im Master-Studiengang	22 Stipendien an 4 Fachbereichen, „Halbstipendien", d. h. Finanzierung gemeinsam mit dem Fachbereich
WE-Heraeus-Gastwissenschaftlerprogramm	1989 - 1993	Physik-Fachbereiche (12) Gastwissenschaftler (180)	Forschungsstipendien für Wissenschaftlerinnen und Wissenschaftler aus aller Welt, vorwiegend Osteuropa
Wilhelm und Else Heraeus-Preis „Zukunftsprobleme der Gesellschaft"	1996	Wissenschaftler (3 Preisträger)	Preisgeld: je 100 000 DM + 200 000 DM Sachmittel; Ergebnis u. a. Faktenbuch „Die Energiefrage"

WE-Heraeus-Förderprogramm zur Ausstattung von Fachbereichsbibliotheken	1996 und 1999	Physik-Fachbereiche (42)	insgesamt 2,3 Mio. DM für Lehrbücher
„Wilhelm und Else Heraeus-Hörsaal"	2002/03	Besucher von Veranstaltungen m Physikzentrum	gemeinsam mit DPG, Bundesland NRW, Volkswagen-Stiftung und EHB-Stiftung; Beitrag der WE-Heraeus-Stiftung: 540 000 ¤
Gemeinsam mit der DPG durchgeführte Förderprogramme			
WE-Heraeus-Kommunikationsprogramm	seit 1989	Studierende der Physik (ca.12 900)	Unterstützung studentischer DPG-Mitglieder beim Besuch einer Physikertagung
DPG-Schulen für Physik	seit 1989	Studierende, Doktoranden (ca. 2 500)	insgesamt 46 Schulen (1989-2005); im Mittel drei Schulen jährlich; alle Schulen im Physikzentrum
Schülerförderung	seit 1999	Schüler, Lehrer, Fachbereiche	innovative Unterrichtsprojekte an Schulen; Angebote von Fachbereichen für Schüler und Öffentlichkeit
DPG-Veranstaltungen im Magnus-Haus	seit 1995	Kolloquiumsteilnehmer, Studierende	finanzielle Unterstützung von Vortragsreihen im Magnus-Haus Berlin
Abiturienten-Buchpreis	2000/2001	jahrgangsbeste Abiturienten im Fach Physik (ca. 3 500)	Anschubfinanzierung, inzwischen ständiges Förderprogramm der DPG
Osteuropa-Programme	1991 - 2003	osteuropäische Wissenschaftlerinnen und Wissenschaftler (ca. 1 300)	finanzielle Unterstützung von Wissenschaftlerinnen und Wissenschaftlern beim Tagungsbesuch in Deutschland (ca.1150) bzw. Gastaufenthalt junger polnischer Physiker in der BRD (ca. 150)

Stand: Juni 2006

Quo vadit?

Wie wird es wohl weitergehen? Die bewährten Kernprogramme, wie die Heraeus-Seminare und die Programme zur Förderung der Kommunikation unter Wissenschaftlern und des Nachwuchses, werden sicher langfristig fortgeführt und weiterentwickelt werden. Die noch jungen Programme zur Schülerförderung haben bereits viele erfreuliche Einzelerfolge gezeitigt, aber auch ein tiefliegendes Dilemma offenbart: Es werden damit überwiegend bereits hoch motivierte Lehrer und Schüler zusätzlich gefördert, während der großen Mehrzahl der Kinder und Jugendlichen die Physik fremd bleibt. Das Ergebnis ist nicht nur, dass sich wenige Absolventen später für ein naturwissenschaftliches oder technisches Studium entscheiden, sondern auch, dass es allgemein an einem soliden naturwissenschaftlichen Grundwissen in den Eliten der Gesellschaft mangelt.

Eine wesentliche Ursache dieser Fehlentwicklung scheint zu sein, dass der Physikunterricht auf Basis einer fachlichen Lehrerausbildung erfolgt, die sich nicht an den heutigen Lernbedürfnissen der Kinder und Jugendlichen, sondern an der Vergleichbarkeit der Lehrerausbildung mit der Ausbildung späterer Forscher und Spezialisten orientiert. Frühere Überlegungen von Professor Dr. Siegfried Großmann aufgreifend, hat die Stiftung im Kreis der Hochschullehrer eine selbstkritische Diskussion initiiert, die zu einer wohlbegründeten Forderung nach einem Studium sui generis für Physiklehrer führte [4,5]. Die DPG hat diese Forderung aufgegriffen und sie 2006 in einem Memorandum [6] mit den aus dem Bologna-Prozess resultierenden Strukturforderungen verknüpft. Es wird zu erwägen sein, wie die Stiftung konkrete Schritte bei der Realisierung dieses Programms fördern kann.

Allgemein ist die zukünftige Wohlfahrt der deutschen Gesellschaft durch zwei Entwicklungen bedroht, gegenüber denen alle anderen die politische Diskussion und die Medien belebenden Themen verblassen:

- durch die globale Konkurrenz mit ungleich bevölkerungsreicheren früheren Entwicklungsländern (China und Indien), die mit ungeheurer Dynamik und unter Nutzung ihrer noch für lange Zeit auf Eurobasis niedrigen Pro-Kopf-Einkommen das Wohlstandsniveau der etablierten Industriestaaten anstreben;
- durch die demographische Entwicklung einer zugleich kinderarm und individuell älter werdenden Gesellschaft in Deutschland, welche die Basis des vertrauten, auf Umverteilung beruhenden Gesellschaftssystems zusammenbrechen lässt.

Dabei hängt in dieser prekären Situation die fiskalische Handlungsfähigkeit des Staates am seidenen Faden historisch niedriger Zinsraten bei einer bereits zu hohen Staatsverschuldung. Es kommt hinzu, dass das frühere Patentrezept der Staatsentschuldung durch hohe Inflationsraten dem Einzelstaat mit der Einbettung in die europäische Währungsunion verbaut ist. Es ist kein Geheimnis, unter welchen Voraussetzungen in dieser Situation der hohe Wohlstand Deutschlands verteidigt werden kann. Bundespräsident Horst Köhler wird zitiert: „*Wir müssen so viel besser sein, als wir teurer sind...*", und es wäre zu ergänzen „*...und zusätzlich um soviel besser, als der Alterungsprozess in unserer Gesellschaft fortgeschrittener ist als bei den anderen*".

Dabei ist es gleichgültig, wie gut wir bei der Produktion von Gütern oder Dienstleistungen sind, die nur innerhalb Deutschlands verbraucht werden – maßgebend sind Produkte, die in Kompensation des zunehmenden Stroms von Niedriglohn-Importen von den Handelspartnern zu hohen Preisen im Export abgenommen werden. Das sind für Deutschland im wesentlichen Hochtechnologieprodukte, für deren Produktion bei den Niedriglohn-Handelspartnern das Know-how noch nicht vorhanden ist. Es kommt also auf einen Wettlauf in der Innovation und damit in der naturwissenschaftlichen Bildung an – sowohl nach Qualität, die bisher als allein ausschlaggebend betrachtet wurde, als auch nach Quantität.

Um eine ausreichend große „Umverteilungsmasse" sicherzustellen, sollte man es einem möglichst großen Teil der Bevölkerung durch entsprechende Bildung ermöglichen, in nicht durch Niedriglöhne bedrohten Arbeitsfeldern ein hohes Einkommen zu erzielen. Im Bereich der Hochschulbildung ist zwar die Forderung zu bejahen, dass ein möglichst hoher Prozentsatz unseres Nachwuchses bis zu einem erfolgreichen Hochschulabschluss geführt werden soll; es wird jedoch meist übersehen, dass hierbei auch ein qualitatives Problem vorliegt. Es ist nicht egal, welche Berufsaussichten ein Studium eröffnet. Mit massenhaften Abschlüssen in Fachrichtungen, deren Produkte nicht exportfähig sind, oder für die nur ein geringer Bedarf existiert, können keine hohen Einkommen erzielt werden. Auch hier gilt das Gesetz von Angebot und Nachfrage! Ein Hinweis darauf ist die in Deutschland extrem niedrige mittlere Bildungsrendite (d. h. die Verzinsung des durch Bildung erworbenen Mehreinkommens, unter Berücksichtigung der in der Bildungszeit aufgewendeten individuellen Ausgaben [7]), bei einem seit Jahren anschwellenden Ansturm des Nachwuchses auf die „weichen" Studienfächer und gleichzeitig absinkendem Anteil der Absolventen in den „harten" Fächern. Es wird wichtig sein, die Bildungsrendite nach Studienfächern und späteren Berufstätigkeiten zu differenzieren, um in der Bildungsdiskussion zu zielführenden Schlüssen zu kommen [8].

Es liegt sowohl im persönlichen Interesse unsere Kinder wie in dem unserer Gesellschaft, ihnen den Zugang zu einer hoch qualifizierten und zugleich hochgradig wettbewerbsfähigen Berufstätigkeit zu eröffnen. Voraussetzung dafür ist in einer nicht in der Berufswahl gegängelten Gesellschaft eine Schule, die frühzeitig Interesse und Faszination an den „harten" Fächern weckt und die auch klarmacht, dass die „weichen Fächer" zwar wichtige, individuelle Bildungsinhalte vermitteln, aber nur in sehr begrenztem Umfang sinnvolle Berufsziele bieten.

Der frühen Bildung kommt für den zukünftigen Wohlstand unserer Gesellschaft eine Schlüsselfunktion zu, nicht nur im Bereich der Physik. Lehrer haben in Hinblick auf den späteren Wohlstand der Gesellschaft eine sehr große Hebelwirkung. Entsprechend hoch sollte die gesellschaftliche Wertschätzung für optimal ausgebildete Lehrer sein! Mit den selbstkritischen Überlegungen zu den tieferen Ursachen der unbefriedigenden Schulsituation im Bereich der Physik haben die *Wilhelm und Else Heraeus Stiftung* und die *Deutsche Physikalische Gesellschaft* in den ihnen zugänglichen Bereichen einen Weg eröffnet. Er wird lange Zeit konsequent verfolgt werden müssen; die Stiftung kann helfen, dabei die richtigen Schritte zu finden und weitere Ideen zu entwickeln.

Die *Wilhelm und Else Heraeus Stiftung* gratuliert dem Physikzentrum zu seiner überaus positiven Entwicklung, die den Anspruch, ein Zentrum für die Physik und die Physiker in Deutschland zu sein, in einem umfassenden Sinn rechtfertigt. Die Stiftung sieht im Physikzentrum Bad Honnef auch ihr eigenes Zentrum – und nichts ist in Sicht, was daran in den nächsten 30 Jahren etwas ändern könnte.

Anmerkungen

[1] Werner Buckel: „Die Dr. Wilhelm Heinrich und Else Heraeus-Stiftung", in Festschrift „150 Jahre Deutsche Physikalische Gesellschaft", herausgegeben von Theo Mayer-Kuckuk, Januar 1995, S. F-199

[2] Dieter Röß: „Seminare im Physikzentrum, ein Schwerpunkt der Dr. Wilhelm Heinrich Heraeus und Else Heraeus-Stiftung", in Festschrift zum 20-jährigen Jubiläum des Physikzentrums Bad Honnef, S. 17

[3] Siehe www.we-heraeus-stiftung.de

[4] Siegfried Großmann, Dieter Röß „Thesen zum Lehramtsstudium Physik", Physik Journal 4 (2005) Nr. 10, S. 49

[5] „Ausbildung von Physiklehrern an den Hochschulen, Wilhelm und Else Heraeus-Workshop", Physik Journal 4 (2005) Nr. 10, S. 51

[6] „Thesen für ein modernes Lehramtsstudium im Fach Physik", Studie der Deutschen Physikalischen Gesellschaft e.V., März 2006

[7] Mit dem Stichwort „Bildungsrendite" findet man im Internet zahlreiche Beiträge.

[8] Siehe z. B. www.fibs-koeln.de

The Future of Our Society – And the Possible Contribution of the Wilhelm und Else Heraeus Foundation

(Summary)

For 30 years now, the Wilhelm und Else Heraeus Foundation has been closely related to the Deutsche Physikalische Gesellschaft (DPG) and the Physikzentrum Bad Honnef (PBH). Heraeus-events have been accounting for more than one third of the events at the PBH, for many years already.

Furthermore, the foundation contributed significantly to modernizing the Physikzentrum, especially to building the "Wilhelm und Else Heraeus Lecture Hall". The mutual confidence between the founders and Professor Werner Buckel, the DPG president of the early 70ies, shaped the beginning of this close relationship. Besides its "core business", the "WE-Heraeus seminars", the foundation operates many other successful programmes, several of them in cooperation with the Deutsche Physikalische Gesellschaft.

In view of the fundamental problems of society in Germany – its lack of children and its economic competition with densely populated low wage countries – the Wilhelm und Else Heraeus Foundation understands a sustainable improvement in teaching natural sciences at school to be a new and significant field of activity.

Die Zukunft gestalten
Designing the Future

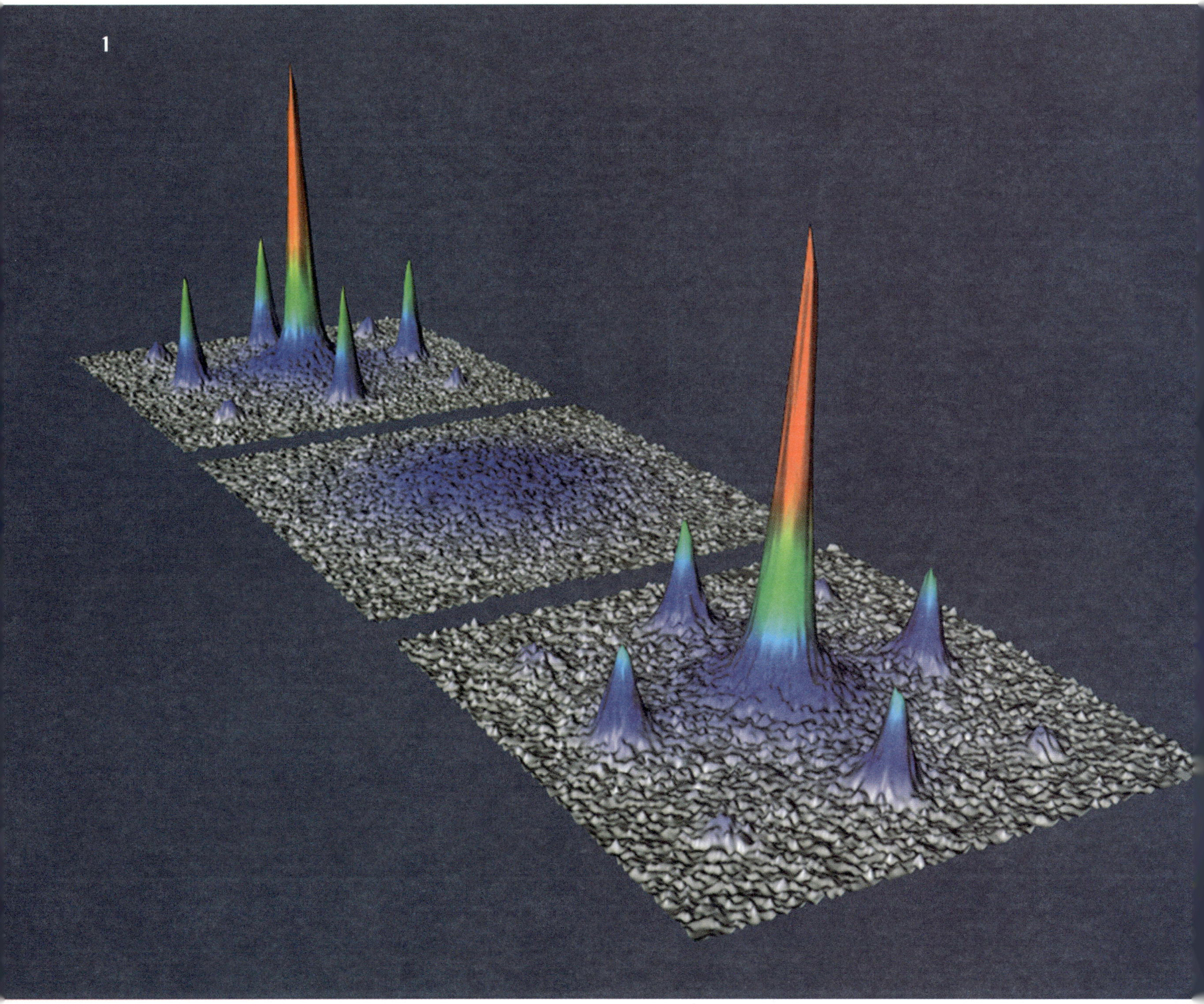

Die Atomphysik

Immanuel Bloch

Die moderne Atomphysik hat in den letzten zehn Jahren einen Umbruch ohnegleichen erlebt. So hat man verdünnte Gase aus Atomen mit Laserlicht fast bis zum absoluten Temperaturnullpunkt abgekühlt und dadurch atomare Bose-Einstein-Kondensate erzeugen können, die ein neues Arbeitsgebiet in der Physik eröffnet haben. Diese Entwicklung kann man rückblickend als einen Meilenstein der Physikgeschichte bezeichnen. Als ich nach meiner Diplomarbeit und einem anschließenden Forschungsaufenthalt an der Stanford University von dieser spannenden neuen Forschungsrichtung erfuhr, war mir klar, dass ich auf diesem Gebiet arbeiten musste – auch gegen den Rat einiger erfahrener Professoren, die das Gebiet schon zwei Jahre nach der Erzeugung der ersten Bose-Einstein-Kondensate für abgearbeitet hielten. Was sind Bose-Einstein-Kondensate und warum haben sie eine solche Wirkung auf die Physik gehabt? Welche Entwicklungen liegen noch vor uns und wohin wird uns dieser neue und spannende Weg führen?

Zunächst jedoch ein kurzer Blick zurück. In den letzten 20 Jahren ist es den Physikern gelungen, einzelne Quantensysteme immer besser und genauer zu kontrollieren. Ganz besonders deutlich wird dies an der Manipulation und der Kontrolle von einzelnen Atomen und Photonen, aber auch von mikroskopisch kleinen, künstlichen Objekten in der Festkörperphysik wie Quantenpunkten oder Josephson-Kontakten. Für eine weitgehende Kontrolle von Atomen spielte die Laserkühlung eine maßgebliche Rolle, für deren Entwicklung Steven Chu, Claude Cohen-Tannoudji (s. Beitrag von C. Cohen-Tannoudji) und William D. Phillips mit dem Nobelpreis in Physik ausgezeichnet wurden. Mit Hilfe von Laserlicht gelingt es, Atomwolken extrem stark abzukühlen, auf Temperaturen von wenigen Millionstel Grad über dem absoluten Temperaturnullpunkt! Damit lassen sich die Bewegungen einzelner Atome so perfekt kontrollieren, dass man sie einfangen und in „Käfigen" speichern kann.

Solche gespeicherten Atome eignen sich hervorragend für die Präzisionsspektroskopie, bei der die Frequenz des von ihnen abgestrahlten Lichts extrem genau gemessen wird. Da die Atome nahezu beliebig lange in den Käfigen gespeichert werden können, kann man sie auch sehr lange und mit hoher Genauigkeit beobachten. Außerdem fällt die störende Bewegung der Atome weg, die die Genauigkeit der Messungen beeinträchtigt. Heute erreicht man für die atomaren Strahlungsfrequenzen im Bereich des sichtbaren Lichts eine Messgenauigkeit von 10^{-17}. Das ist so präzise, als würde man die Höhe des Eiffelturms auf den Durchmesser eines Atomkerns genau bestimmen! Der schnelle Takt der strahlenden Atome kann dabei mit der Methoden des „optischen Frequenzkamms" Schlag für Schlag aufgenommen und mit kompakten und relativ einfachen Apparaturen gezählt werden. Für diese bahnbrechende Entwicklung haben Theodor W. Hänsch (s. Beitrag von T. W. Hänsch) und sein US-amerikanischer Kollege John Hall im letzten Jahr den Nobelpreis für Physik erhalten. Diese schnellen und präzisen Taktgeber werden zu einer Neudefinition der Sekunde führen, die eine präzisere Messung der Zeit ermöglicht – eine wichtige Voraussetzung für eine genauere Navigation und eine noch schnellere Datenübertragung!

Die Behauptung ist also berechtigt, dass wir heute in vieler Hinsicht eine perfekte Kontrolle über einzelne, isolierte Quantensysteme ausüben können. Gleichzeitig wissen wir jedoch, dass das komplexe Verhalten der uns umgebenden Materie aus der Wechselwirkung zwischen ihren mikroskopischen Bestandteilen herrührt. Dabei kann es zu außergewöhnlichen Effekten kommen wie dem Quanten-Hall-Effekt oder der Supraleitung, dem widerstandslosen Fliessen von elektrischem Strom. Diese Vorgänge genauer zu verstehen, stellt eine der großen Herausforderungen der Physik dar. Obwohl wir die Grundgesetze des Wechselspiels zwischen einzelnen mikroskopischen Partnern gut kennen, sind wir heute in vielen Fällen noch immer nicht in der Lage, daraus das komplexe Zusammenspiel vorauszusagen. Dies liegt zum großen Teil an dem

1) Eine Wolke von ultrakalten Rubidiumatomen wandelt sich von einer Suprafüssigkeit in einen „Mott-Isolator" um und wieder zurück. Das Bild zeigt quantenmechanische Interferenzen, aus denen man diese Umwandlung erschließen kann. (Universität Mainz)

2) Eine magneto-optische Falle hält mit Magnetfeldern und Licht ultrakalte Atomwolken fest, an denen man den Übergang zu einem Bose-Einstein-Kondensat studieren kann. (Philip Morris Foundation)

1) The transition of a cloud of ultracold rubidium atoms from a superfluid to a "Mott insulator" and back. The figure shows quantum mechanical interferences, which allow for the conclusion that the transition has occurred. (University of Mainz)

2) A magneto-optical trap uses magnetic fields and light to trap an ultracold atomic cloud, with which one can study the transition into the Bose-Einstein condensate. (Philip Morris Foundation)

enorm hohen Rechenaufwand, der hierfür nötig ist und der extrem schnell mit der Zahl der mikroskopischen Bestandteile des untersuchten physikalischen Systems zunimmt (s. Beitrag von U. Schollwöck).

Hier könnte eine revolutionäre Idee, die erstmals der Physiknobelpreisträger Richard P. Feynman geäußert hatte, eine Lösung bringen. Würden wir ein gut kontrollierbares, aus vielen Teilchen bestehendes Quantensystem besitzen, so könnten wir es als „Quantensimulator" einsetzen, um andere zu untersuchende Quantensysteme besser zu verstehen. Diese Möglichkeit hat sich jetzt mit der Entdeckung der Bose-Einstein-Kondensate eröffnet. Mit Hilfe der Laserkühlung und weiterer Kühl- und Speichertechniken konnte man Millionen von bosonischen Atomen (die sich „gesellig" verhalten) in einen neuen Quantenzustand der Materie überführen. Dieser Zustand wurde erstmals 1925 von Albert Einstein und Satyendranath Bose vorausgesagt. Es brauchte jedoch noch weitere 70 Jahre, bis diese neue Quantenmaterie zum ersten Mal im Labor erzeugt werden konnte.

In einem Bose-Einstein-Kondensat befinden sich alle Teilchen im quantenmechanischen Grundzustand des Systems, dem Zustand mit der niedrigsten Energie. Damit ist eine perfekte Abstimmung der Teilchen miteinander erreicht, ganz ähnlich wie bei den Lichtteilchen oder Photonen in einem Laserstrahl. In den letzten Jahren hat auch die Kühlung fermionischer Teilchen (die einander aus dem Wege gehen) auf ultrakalte Temperaturen unser Verständnis von komplexer Quantenmaterie verbessert. Bosonische und fermionische Quantengase können z. B. in periodischen Potentialen aus Licht, so genannten optischen Gittern, gespeichert werden. Sie sind damit zu einem Quantensimulator im Sinne Feynmans avanciert. Die Anordnung und Tiefe der Potentialmulden sowie die Wechselwirkungen zwischen den Atomen lassen sich dabei nach Wunsch verändern. So kann man den Einfluss dieser Größen auf die physikalischen Eigenschaften des Systems gezielt untersuchen und verschiedene Effekte klar voneinander trennen. Möglicherweise können mit diesen Modellsystemen grundlegende Fragen z. B. im Zusammenhang mit der Hochtemperatur-Supraleitung geklärt werden.

Neben der Modellierung von quantenmechanischen Vielteilchensystemen lassen sich auch neuartige, hochgradig „verschränkte" Quantenzustände erzeugen, die die Grundlage und die Ressource einer zukünftigen Quanteninformationsverarbeitung sein können. In einem solchen Zustand stimmen die Teile eines Systems – z. B. die Atome in einer Atomwolke – ihr Verhalten viel enger aufeinander ab, als es nach den Gesetzen der klassischen Physik möglich ist. Um einen hochgradig verschränkten Zustand herzustellen, ist eine enorm hohe Kontrolle über das System nötig und eine stetige Abwehr gegen störende Umwelteinflüsse, die sich immer stärker bemerkbar machen, je mehr Teilchen das System enthält. Dies stellt uns vor eine weitere ungeklärte fundamentale Frage: Gibt es Beschränkungen in der Größe eines hochgradig verschränkten Quantensystems oder sind bei der Herstellung „nur" technische Probleme zu lösen? Viele Physikerinnen und Physiker arbeiten weltweit daran, dieses Ziel zu erreichen: mit Atomen, Photonen oder Festkörpersystemen. Ihnen allen liegt dasselbe Ziel zu Grunde: die Materie an der Grenze der Quantenmechanik vollständig zu kontrollieren und mit maßgeschneiderten Eigenschaften auszustatten. Neben den fundamentalen Problemen, die dabei zu lösen oder zu entdecken sind, eröffnet die Herstellung von quantenmechanischen „Vielteilchenzuständen nach Maß" weitreichende Perspektiven für eine noch genauere Messungen der Zeit, für eine absolut sichere Datenübertragung mit Hilfe der Quantenkryptographie oder für das Design neuer Materialien.

Um Fortschritte bei den angesprochenen Themen zu erreichen, ist eine breite Kommunikation und eine vertiefte Diskussion zwischen verschiedenen Arbeitsgebieten nötig, so wie ich sie über Jahre hinweg im Physikzentrum in Bad Honnef wahrgenommen und genossen habe. Das Physikzentrum, das sich in den 30 Jahren seines Bestehens zu einem bedeutenden, modernen und internationalen Tagungszentrum entwickelt hat, bietet dazu eine inspirierende Atmosphäre. Ich freue mich bereits jetzt auf viele weitere spannende Diskussionen in Bad Honnef!

Atomic Physics *(Summary)*

Modern atomic physics underwent unparalleled changes during the past decade. For example, diluted atomic gases could be cooled down almost to absolute zero temperature, by means of laser light, and so atomic Bose-Einstein-Condensates could be produced opening up a new research field in physics. In the retrospective, this development may be called a milestone in history of physics. Having finished my diploma thesis and returning from a subsequent research stay at Stanford University I learned about that thrilling new research field and I knew immediately that I had to work in that field.

After a short view on physics of laser cooling and controlling single atoms I am going to describe the options opened up by the condensation of ultracold bosonic and fermionic quantum gases. When captured in a periodic potential of light, they will build a quantum simulator allowing to investigate fundamental questions of physics, e.g. in relation to high-temperature superconductivity. In addition, generating quantum mechanical "tailored many particle states" opens far-reaching perspectives to measure time even more precisely, to transfer data in an absolutely safe way by means of quantum cryptography, or to design new materials.

To achieve progress in the addressed subjects we need a broad communication and an in-depth discussion among the various fields, like those I perceived and enjoyed for years at the Physikzentrum Bad Honnef. It offers an inspiring atmosphere and, during the 30 years since it was founded, it became an important, modern, and international venue. I am looking forward to many further enthralling discussions at Bad Honnef.

1

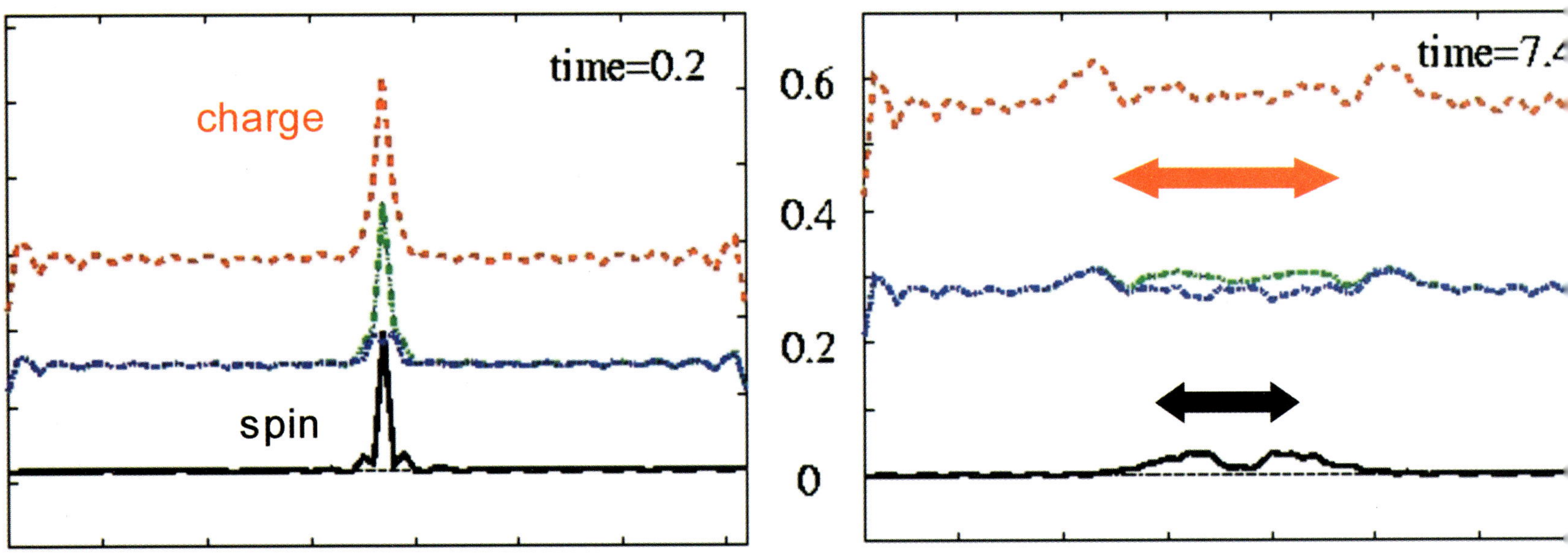

Theoretische Festkörperphysik

Ulrich Schollwöck

In vielen Bereichen der Physik sind uns bis jetzt die Naturgesetze nur zum Teil bekannt, wie etwa in der Hochenergiephysik, wo wir nach einer Erweiterung des Standardmodells der Elementarteilchen suchen, oder in der Theorie der Quantengravitation, von der wir nur eine schemenhafte Ahnung haben.

1) Die „Spaltung" des Elektrons. Bringt man ein einzelnes Elektron in ein „eindimensionales" Metall, so bewegen sich die Ladung (rote Kurve) und der Spin (schwarze Kurve) des Elektrons unterschiedlich schnell über die durchnummerierten Plätze eines Kristallgitters und es kommt zur Spin-Ladungstrennung. Natürlich wird das Elektron dabei nicht wirklich gespalten, sondern es entstehen zwei komplexe kollektive Ladungs- und Spinanregungen. Die Bilder sind zwei Schnappschüsse aus einer numerischen Simulation (Dichtematrix-renormierung), wie sie erst seit etwa zwei Jahren möglich ist. (RWTH Aachen)

1) The "splitting" of an electron. When a single electron is introduced into a "one-dimensional" metal, its charge (red graph) and its spin (black graph) move with different velocity over the serially numbered sites of a crystal lattice leading to a spin-charge separation. The electron is not really split, of course, but two complex collective charge and spin excitations are generated. The pictures are two snapshots from a numerical simulation (density matrix renormalization), which has been made possible only two years ago. (RWTH Aachen)

Ganz anders ist die Situation in der theoretischen Festkörperphysik, die die konzeptionelle Grundlage für viele technologische Revolutionen des 20. Jahrhunderts gewesen ist, vor allem in der Informations- und Kommunikationstechnologie. In der Tat weiß man seit den 30er Jahren des letzten Jahrhunderts, wie man im Prinzip jedes materielle Objekt in unserer Erfahrungswelt vollständig physikalisch beschreiben kann. Das nötige Werkzeug ist die 1925 aufgestellte Schrödinger-Gleichung, deren Lösung – eine Wellenfunktion – alle Informationen über das Objekt enthält. Bis heute ist kein einziger Fall bekannt geworden, dass die Schrödinger-Gleichung zu einer von der Natur abweichenden physikalischen Vorhersage geführt hätte.

Somit scheinen grundsätzlich alle Probleme der Festkörperphysik gelöst. Doch wieso begeistern sich dann so viele und gerade auch junge Physiker für dieses Gebiet? Bei diesen „grundsätzlich" gelösten Problemen steckt der Teufel im Detail: Will man sie tatsächlich lösen, so stößt man auf Gleichungssysteme mit rund 10^{26} Unbekannten – das entspricht etwa der Zahl der Atome und Elektronen in einem Kubikzentimeter Materie. Nur in wenigen Fällen lassen sich dafür exakte Lösungen finden. Doch mit Methoden, die auf Arbeiten des Physiknobelpreisträgers Richard Feynman aus den 50er Jahren zurückgehen, kann man versuchen, dieses „Vielteilchenproblem" zumindest näherungsweise zu lösen. Die Kontrolle über die gemachten Näherungen bleibt jedoch zumeist unvollständig.

Bei allen Erfolgen der analytischen Behandlung des Vielteilchenproblem ist es daher wünschenswert, numerische Methoden zur Lösung der Schrödinger-Gleichung und zur Bestimmung der Wellenfunktion zu entwickeln. Dabei bereitet nicht nur die enorme Zahl von Teilchen große Probleme, sondern auch die Tatsache, dass man ein quantenmechanisches System auf einem Computer simulieren muss, der nach den Gesetzen der klassischen Physik arbeitet. Die Komplexität von Quantensystemen mit vielen Teilchen wächst exponentiell mit der Zahl der Teilchen an und übersteigt damit schnell die

Möglichkeiten auch der leistungsfähigsten Computer. Kann man trotzdem etwas über diese Systeme lernen? Ja!

Es haben sich zwei Hauptangriffslinien entwickelt: Walter Kohn (Chemienobelpreis 1998) und andere haben Anfang der 60er Jahre gezeigt, dass man die Information, die in der äußerst komplexen Wellenfunktion für ein System von vielen Elektronen steckt, mit Hilfe der wesentlich einfacheren ortsabhängigen Dichte der Elektronenverteilung erfassen kann – sofern man den universellen Zusammenhang zwischen Wellenfunktion und Elektronendichte kennt. Dieser Zusammenhang wird durch das so genannte Austauschfunktional gegeben, für das im Laufe der Jahre immer bessere Approximationen entwickelt worden sind. Dadurch konnte die „Dichtefunktionaltheorie" große Erfolge bei der Computersimulation neuer Materialien und chemischer Moleküle erzielen. Die benötigten Programmpakete wurden kollektiv entwickelt und sind allgemein zugänglich.

Die Dichtefunktionaltheorie stößt jedoch an ihre Grenzen, wenn die Elektronen ein stark schwankendes und aufeinander abgestimmtes Verhalten zeigen. Das ist bei den so genannten stark korrelierten Materialien der Fall, zu denen viele Übergangsmetallverbindungen und seltene Erden ebenso gehören wie Hochtemperatursupraleiter und niederdimensionale Magnete. In diesen Fällen versucht man, vereinfachte „effektive" Modelle wie das Heisenberg- oder das Hubbard-Modell zu lösen, in der Hoffnung, dass diese Modelle die relevanten physikalischen Eigenschaften stark korrelierter Materialien wiedergeben. Es ist aber nach wie vor umstritten, ob das Hubbard-Modell die Hochtemperatursupraleiter beschreiben kann. Trotz der enormen Vereinfachungen, die diese Modelle beinhalten – man könnte sie als Karikaturen der Realität bezeichnen – sind sie auch nach Jahrzehnten intensiver Forschung noch immer ungelöst. Dabei hat man zahlreiche leistungsfähige numerische Verfahren entwickelt und eingesetzt, wie die exakte Diagonalisierung kleiner Quantensysteme, die Quanten-Monte-Carlo-Methoden oder die Dichtematrixrenormierung. Bei diesem Verfahren, das auf Steve White (1992) zurückgeht und für das ich mich in den letzten Jahren begeistert habe, wird die Suche nach der Wellenfunktion der Elektronen dadurch erleichtert, dass man systematisch überflüssige Details des Vielteilchensystems eliminiert. Alle diese Verfahren haben zwar tiefe Einsichten gebracht, doch sie leiden unter starken Einschränkungen und können nur auf vereinfachte Modelle angewandt werden.

Bei einer Vielzahl neuer Materialien reicht es jedoch nicht mehr aus, mit vereinfachenden Modellen zu arbeiten oder das aufeinander abgestimmte Verhalten der Elektronen zu vernachlässigen. Mehrere neue Verfahren befinden sich in stürmischer Entwicklung, so zum Beispiel eine Kombination der Dichtefunktionaltheorie mit der so genannten dynamischen Mean-Field-Theorie, die auf Walter Metzner und Dieter Vollhardt (1989) zurückgeht. Auf der anderen Seite hat man bei den Methoden zur Behandlung stark korrelierter Quantensysteme inzwischen ein viel tieferes Verständnis der Näherungen und ihrer Gültigkeitsgrenzen erlangt. Dies gilt vor allem für die Dichtematrixrenormierung: Aus Untersuchungen zur Quanteninformationstheorie (vor allem von Guifre Vidal, Frank Verstraete und Ignacio Cirac) wissen wir, dass der Erfolg dieser Methode im Wesentlichen auf einer optimalen Kompression der quantenmechanischen Verschränkung in der Wellenfunktion beruht. Dabei zeigen die Elektronen ein kompliziertes, aufeinander abgestimmtes quantenmechanisches Verhalten, dessen Essenz sich aber in enorm vereinfachter Weise erfassen lässt. Diese Einsichten haben zu einer Erweiterung der Dichtematrixrenormierung auf eindimensionale Quantensysteme fern vom thermischen Gleichgewicht geführt, wie sie beim Elektronentransport und bei den ultrakalten Atomgasen (s. Beitrag von I. Bloch) auftreten.

Hier schließt sich der Bogen zu diesem experimentell wie theoretisch hochaktuellen Gebiet der Physik. Auf der anderen Seite werden diese Methoden gegenwärtig erweitert, sodass sie auch auf zwei- und dreidimensionale Systeme angewandt werden können. Ich bin mir sicher, dass aus der Kombination konzeptioneller Einsichten der Quanteninformationstheorie und der numerischen Möglichkeiten der computergestützten Festkörperphysik noch viele berichtenswerte Ergebnisse entstehen werden. Es ist zu wünschen, dass uns diese neuen Methoden entscheidende Einsichten in die Mechanismen der Hochtemperatursupraleitung und anderer spannender Phänomene der Festkörperphysik geben werden.

Auch Physiker sind Herdentiere: die meisten Konferenzen finden entlang klar definierter Gebietsgrenzen statt. Mit dem Physikzentrum in Bad Honnef verbinde ich die Erinnerung an zahlreiche Workshops, bei denen diese Grenzen mühelos durchbrochen wurden, und die genau den Diskurs angeregt haben, der die von mir vorgestellten wissenschaftlichen Durchbrüche ermöglicht hat und auch weiter begleiten wird. Und was am allerwichtigsten ist: in Bad Honnef dürfen und sollen gerade die jungen Physikerinnen und Physiker sprechen, die entscheidend zu den großen Fortschritten beitragen, aber auf vielen internationalen Konferenzen im Schatten der „Platzhirsche" stehen! Das ist für mich fast das Wertvollste am Physikzentrum.

Theoretical Solid State Physics *(Summary)*

In many fields of physics, e. g. in high energy physics, we know only part of the laws of nature. The situation is quite different in theoretical solid state physics which has been the conceptual basis of many technological revolutions in the 20th century. Since the 30s of the past century it is well-known indeed how to completely describe in physics any material object in the world we know. Thus, in principle, all the problems of solid-state physics seem to be solved. But if you actually want to solve them, you will encounter systems of equations with about 10^{26} unknowns. There are only few cases where an exact solution can be found and the analytical approximations are often problematic.

During the past years many highly efficient numerical methods were developed to calculate, by means of computers, solutions for the many-particle problem. Among these methods were: the density functional theory, the Quantum-Monte-Carlo methods as well as the density matrix renormalization. A special challenge is in particular presented by the so called strongly correlated materials to which belong the high-temperature superconductors. It launched a vehement development of new methods of calculation. A vital relation to the results of quantum information theory emerged here which made the success of the newly developed methods comprehensible. Let us wish that these new methods will grant ground breaking insights into the mechanisms of high-temperature superconductivity and other thrilling phenomena of solid state physics.

Physikzentrum in Bad Honnef – that makes me remember numerous workshops where we easily went beyond the limits of research areas, and which encouraged the very discourse which allowed, and will go along with, the breakthrough in science I presented. And, most important: In Bad Honnef it is just the young physicists who may and shall speak, they who decisively contribute to the great progress but who are, on many international conferences, dwarfed by the "bigwigs"! That is, for me, almost the most valuable feature of the Physikzentrum.

1

Kern- und Teilchenphysik

Christian Weinheimer

Die moderne Kern- und Teilchenphysik befindet sich in einem Umbruch, der viele interessante und spannende Möglichkeiten für die Zukunft verspricht. Dabei werden die Grenzen der etablierten Teildisziplinen überschritten und fundamentale Fragestellungen gemeinsam mit der Astrophysik und der Kosmologie bzw. mit der Mathematik beantwortet. Bevor wir die Zukunft näher beleuchten, ein kurzer Blick zurück.

Die Kernphysik begann vor gut 100 Jahren, als Henry Becquerel, Marie Curie und andere die Radioaktivität entdeckten. Ähnlich dem chemischen Periodensystem entstand im Laufe der Zeit ein System der verschiedenen Isotope der Atomkerne, deren Ordnung Einblick in die ihnen zu Grunde liegenden Kräfte gab: die starke, die schwache und die elektromagnetische Wechselwirkung. Mit der Entwicklung von Beschleunigern in der zweiten Hälfte des 20. Jahrhunderts wurden den Atomkernen und Elementarteilchen in zahllosen Experimenten immer mehr Details entlockt. Wir wissen jetzt, dass es 12 fundamentale Bausteine der Materie gibt, aus denen alle anderen Teilchen aufgebaut sind. Entsprechend gibt es 12 Wechselwirkungsteilchen, die die Kräfte vermitteln. Alle Wechselwirkungen außer der Gravitation konnten auf dasselbe Grundprinzip der so genannten lokalen Eichsymmetrie zurückgeführt werden. Damit war zunächst im Bereich der Elementarteilchen eine Ordnung entdeckt, die in den folgenden Jahrzehnten mit immer höheren Beschleunigerenergien näher untersucht wurde. Die Teilchen- oder Hochenergiephysik hatte sich von der Kernphysik gelöst und sich als eigenständiges Gebiet etabliert.

Für die Atomkerne und die Kernbausteine, deren Bindungsenergien klein sind auf der Energieskala der Hochenergiephysik, hat man ein solch detailliertes Verständnis noch nicht erreicht. Das liegt vor allem daran, dass die starke Wechselwirkung immer weiter zunimmt und immer „unberechenbarer" wird, je kleiner die Energien der von ihr zusammengehaltenen Teilchen sind. Deshalb versagen die bei hohen Energien so erfolgreichen Rechenmethoden gerade für die aus Quarks zusammengesetzten Hadronen, die den Hauptanteil der uns umgebenden Materie bilden. Tatsächlich verstehen wir noch nicht einmal die innere Struktur des fundamentalen Kernbausteins, des Protons, hinreichend gut. Nur etwa 1% der Masse des Protons können wir den drei Quarks zurechnen, aus denen es aufgebaut ist. Die restliche Masse muss aus der starken Wechselwirkung stammen. Auch die komplexen Eigenschaften der Atomkerne sind noch nicht völlig verstanden. Das liegt zum einen daran, dass die Kernkraft, die die Protonen und Neutronen zusammenhält, auf der starken Wechselwirkung beruht. Der andere Grund ist, dass Atomkerne komplexe Gebilde sind, die aus vielen Teilchen bestehen.

Auf den ersten Blick scheinen sich die Kern- und die Teilchenphysik mit unterschiedlichen Fragen zu beschäftigen. Dennoch es gibt eine übergeordnete zentrale Frage, die diese beiden Bereiche der Physik im nächsten Jahrzehnt entscheidend prägen wird: „Wie kommen die Teilchen zu ihrer Masse?"

Das Standardmodell der Elementarteilchenphysik beschreibt – bis auf eine Ausnahme – alle bisherigen Beobachtungen überraschend gut. Nur für das so genannte Higgs-Teilchen, das für die Massen aller fundamentalen Teilchen verantwortlich sein soll, fehlt noch der experimentelle Nachweis. Der 2007 in Betrieb gehende, weltweit größte Beschleuniger, der LHC am CERN, soll dieses Teilchen endlich dingfest machen und dadurch unsere Vorstellung bestätigen, dass die Massen der ursprünglich masselosen Elementarteilchen unter dem Einfluss des „Higgs-Hintergrundfeldes" entstehen.

Vermutlich in ähnlicher Weise erhalten die Hadronen, die aus nahezu masselosen Quarks zusammengesetzt sind, ihre Masse unter dem

2

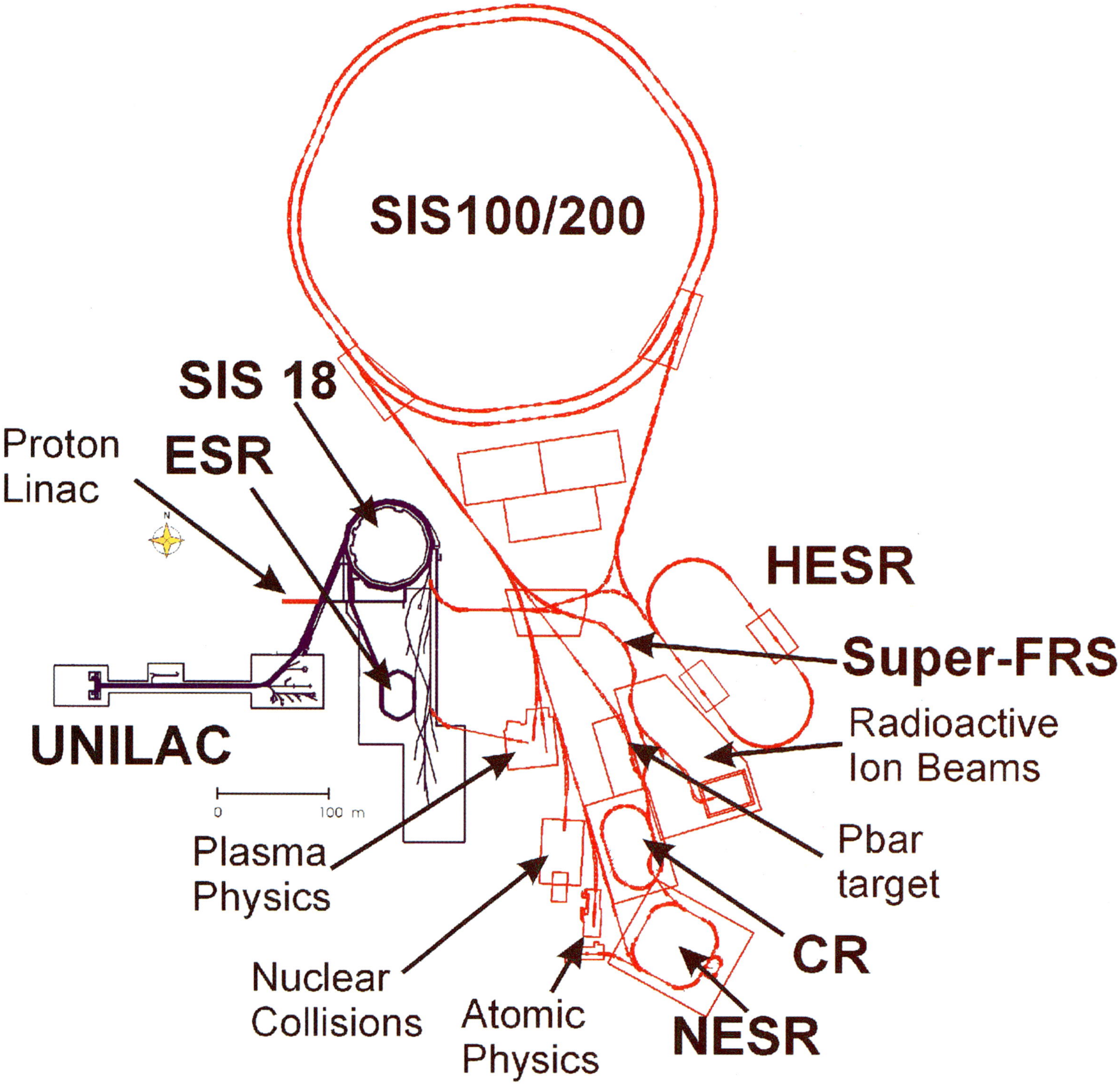
SIS100/200
SIS 18
Proton
Linac
ESR
N
HESR
Super-FRS
Radioactive
Ion Beams
UNILAC
0
100 m
Plasma
Physics
Pbar
target
CR
Nuclear
Collisions
Atomic
Physics
NESR

3

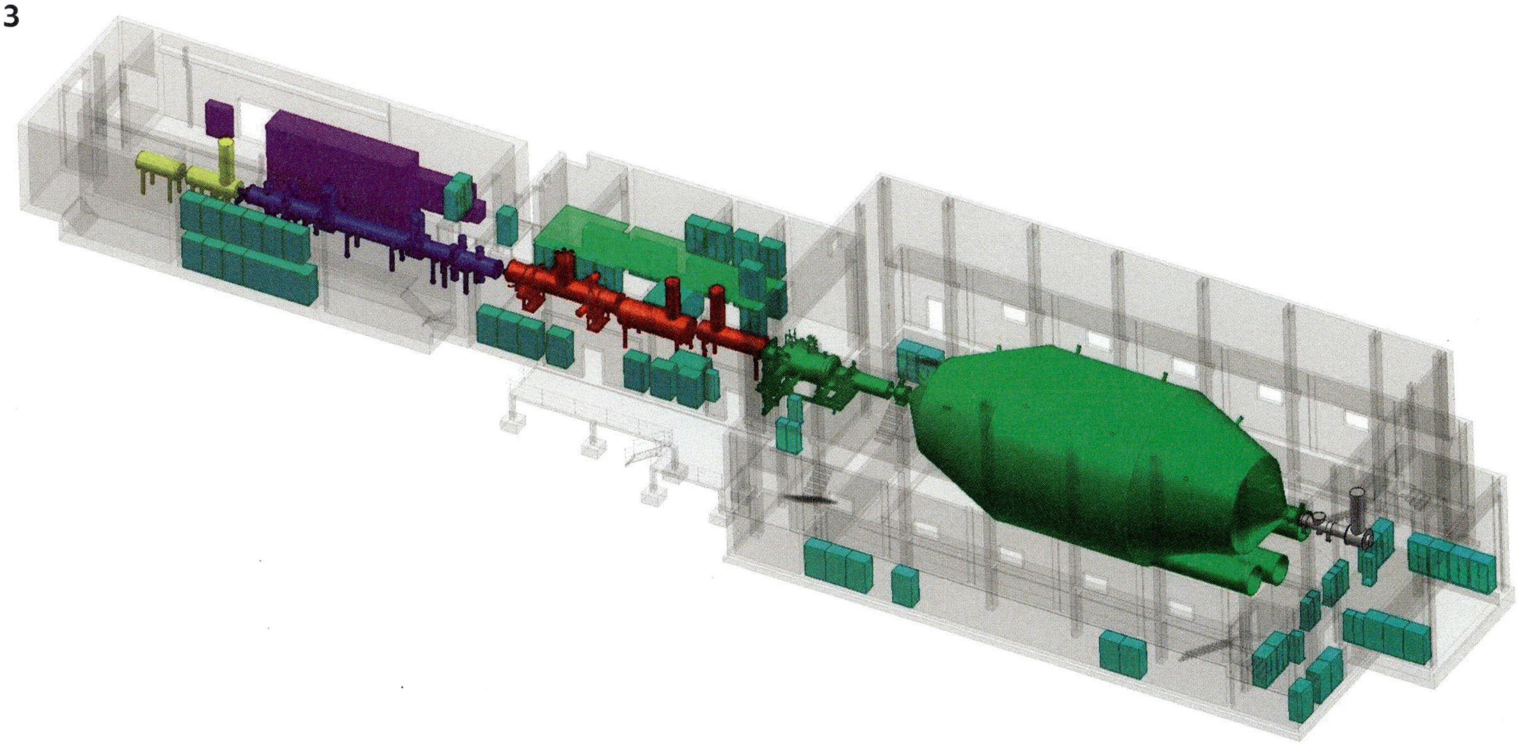

1) Der Aufbau des gigantischen ATLAS-Detektors für den Large Hadron Collider (LHC) am Europäischen Zentrum für Teilchenphysik CERN bei Genf. In diesem Teilchenbeschleuniger werden zwei Protonenstrahlen mit ungeheurer Energie aufeinander geschossen und die entstehenden Bruchstücke mithilfe von ATLAS und anderen Detektoren untersucht. (CERN)

2) Die geplante neue Beschleunigeranlage FAIR (in rot) für Experimente mit hochgradig geladenen Ionen und Antiprotonen, die die schon an der GSI in Darmstadt vorhandene Beschleunigeranlage (in blau) als Vorbeschleuniger nutzt. (GSI)

3) Das Karlsruhe Tritium Neutrinoexperiment KATRIN, das am Forschungszentrum Karlsruhe aufgebaut wird, untersucht mit bisher unerreichter Präzision das Energiespektrum von Elektronen, die beim Betazerfall des Tritiums entstehen. Mithilfe des KATRIN-Experiments wird eine direkte Bestimmung der Neutrinomasse mit wesentlich größerer Genauigkeit möglich. (FZK)

1) The setting up of the huge ATLAS detector for the Large Hadron Collider (LHC) at the CERN European laboratory for particle physics in Geneva. This particle accelerator will collide beams of protons of extraordinarily high energy and the resulting debris will be studied for particle processes with the help of ATLAS and other detectors. (CERN)

2) The planned new accelerator facility FAIR (in red) for experiments with highly-charged ions and antiprotons, which uses the existing accelerator facility (in blue) of the GSI in Darmstadt as an injector for the new facility. (GSI)

3) The Karlsruhe Tritium Neutrino experiment (KATRIN), which is set up at the Forschungszentrum Karlsruhe, performs research on the energy spectrum of electrons that are created in the beta decay of tritium, with a level of precision that has not been achieved to date. The KATRIN experiment makes the direct determination of the neutrino mass possible with much greater precision. (FZK)

Einfluss der Gluonen, der Wechselwirkungsteilchen der starken Wechselwirkung. Zur Klärung dieser Fragen werden neben neuen experimentellen Möglichkeiten, z. B. bei Antiproton-Proton-Kollisionen, auch entscheidende Schritte auf theoretischem Gebiet erwartet. Zwar ist das Problem der „Masseerzeugung" nicht mit Standardmethoden berechenbar, doch unsere große Hoffnung richtet sich jetzt auf die mathematische Methode der Gitter-Eichtheorie. Dabei werden mit Hilfe von Computern die Vorhersagen der Theorie der starken Wechselwirkung für ein diskretes Raum-Zeit-Gitter berechnet, um die unüberwindlichen Probleme zu umgehen, die sich bei der sonst üblichen Reihenentwicklung auf einem Raumzeitkontinuum ergeben. Der Zuwachs an Computerleistung sowie neue Rechenverfahren versprechen in absehbarer Zeit große Fortschritte auf diesem Gebiet.

Die Entstehung der Hadronenmassen ist nicht nur ein primäres Forschungsobjekt, sie dient auch als Diagnosewerkzeug, um die Struktur extrem komprimierter, heißer Kernmaterie zu untersuchen. Kurz nach dem Urknall muss es ein Plasma aus freien Quarks und Gluonen gegeben haben, aus dem durch einen Phasenübergang – ähnlich der Kondensation von Wasserdampf in Tröpfchen – die Hadronen entstanden sind. Wie dieser Phasenübergang funktioniert und warum wir heute nur Hadronen aber keine einzelnen Quarks und Gluonen vorfinden, ist eine äußerst spannende Frage zum Verständnis der starken Wechselwirkung. Jetzt sind die experimentellen Möglichkeiten soweit entwickelt, dass mit Beschleunigerexperimenten, bei denen zwei Atomkerne mit einer unvorstellbaren Wucht aufeinander geschossen werden, ein solches Quark-Gluon-Plasma für kurze Zeit nachgebildet und studiert werden kann.

Die Masse eines Teilchens kann aber auch ein entscheidender Hinweis auf eine „neue Physik" sein: Die Neutrinos – drei der zwölf fundamentalen Teilchen des Standardmodells – wurden bisher als masselos angesehen. Die jüngsten Experimente mit Neutrinos von der Sonne, aus der Erdatmosphäre, von Kernreaktoren und von Teilchenbeschleunigern zeigen aber, dass Neutrinos sich im Flug von einer Sorte in eine andere umwandeln. Dieses Phänomen der Neutrinooszillation kann man nur unter Annahme von Neutrinomassen erklären. Wir kennen die Neutrinomassen noch nicht genau, wissen jedoch, dass die Neutrinos etwa eine Million Mal leichter als die anderen Elementarteilchen sind. Die Jagd nach der Neutrinomasse, z. B. durch die Vermessung des Tritium-ß-Spektrums oder die Suche nach dem neutrinolosen doppelten ß-Zerfall, ist eines der spannendsten Forschungsgebiete des kommenden Jahrzehnts, da die Neutrinomasse neben der Bedeutung für die Teilchenphysik auch eine wichtige Rolle in der Kosmologie spielt.

Die kleinen Massen der Neutrinos können nicht befriedigend im Rahmen des Standardmodells durch die Wirkung des Higgs-Teilchens erklärt werden. Sie verlangen vielmehr eine neue Theorie, bei der die Masse durch einen Mechanismus erzeugt wird, der auf neue, bei sehr hohen Energien gültige, physikalische Gesetze hinweist. Das ist sehr willkommen, denn die Physiker wünschen sich seit langem eine neue Theorie der Elementarteilchen, da das heute gültige Standardmodell zu viele Parameter unbestimmt lässt und zudem bei sehr hohen Energien nicht eindeutig definiert ist.

Die Entdeckung der Neutrinooszillation hat gezeigt, dass nicht nur Experimente bei immer höheren Energien neue Erkenntnisse liefern können, sondern dass auch Präzisionsexperimente bei niedrigen Energien eine wertvolle Alternative sind, um eine neue Physik jenseits des Standardmodells zu entdecken. Neben den Neutrinoexperimenten gibt es enorme Fortschritte dank neuer Technologien bei Teilchenfallen und auf Grund der Experimentiermöglichkeiten mit Strahlen exotischer Isotope. Die Instrumentarien zur Untersuchung dieser und anderer Fragestellungen werden durch FAIR, die am GSI geplante Beschleunigeranlage für Antiprotonen und Ionen, deutlich verbessert.

Welche enormen Möglichkeiten eine solche neue Theorie bietet und welche intellektuelle Faszination damit verbunden ist, kann hier nur angedeutet werden. Wir erwarten, dass die neue Theorie die starke, die schwache und die elektromagnetische Wechselwirkung bei hohen Energien vereint und als eine einzige Kraft oder Wechselwirkung erscheinen lässt. Eine ähnliche Vereinigung der Theorie der elektrischen und der magnetischen Wechselwirkung ist Maxwell im 19. Jahrhundert gelungen – wir reden seitdem vom Elektromagnetismus. In den 70er Jahren vereinheitlichten Glashow, Weinberg und Salam die elektromagnetische mit der schwachen Wechselwirkung. Noch ist offen, ob uns dieser Schritt auch mit der Gravitation gelingen wird.

Der aussichtsreichste Kandidat für die neue Theorie, die so genannte Supersymmetrie, sagt die Existenz einer Vielzahl neuer Teilchen vorher. Dem leichtesten neutralen supersymmetrischen Teilchen, dem Neutralino, kommt dabei eine ganz besondere Aufgabe zu. Es ist das ideale Teilchen, um die kalte Dunkle Materie zu erklären, die etwa ein Viertel des Energie- und Materieinhalts des Universums ausmacht. Die Suche nach diesem Teilchen ist eine der spannendsten Fragen des kommenden Jahrzehnts.

Im Vergleich zu der noch unbekannten kalten Dunklen Materie machen die uns viel vertrauteren Atome, aus denen die Planeten, Sterne und Gaswolken aufgebaut sind, nur den geringen Anteil von knapp 5% des Energie- und Materieinhalts des Universums aus. Wir müssen uns jedoch die Frage stellen, warum es diese 5% – und damit uns – überhaupt gibt. Nach der Urknalltheorie enthielt das Universum zu Beginn genauso viel Materie wie Antimaterie, die sich beide im weiteren Verlauf gegenseitig auslöschten. Auf Grund einer Verletzung der so genannten CP-Spiegelsymmetrie von Teilchen und Antiteilchen blieb ein Milliardstel der Materie übrig. Aus diesem „Rest" sind heute alle Atome, Sterne und Galaxien aufgebaut.

Die vielen Präzisionsmessungen zur CP-Verletzung, die in den letzten Jahren durchgeführt wurden, haben sehr interessante Einblicke gewährt. Sie haben aber auch gezeigt, dass wir im Rahmen des Standardmodells den heute existierenden Bruchteil der Materie noch bei weitem nicht erklären können. Eine faszinierende Erklärungsmöglichkeit bieten die schon erwähnten Neutrinos und ihre Bedeutung für den Masseerzeugungsmechanismus. Die kleinen Massen der bekannten Neutrinos weisen auf die Existenz weiterer, sehr schwerer Neutrinos hin. Diese Neutrinos könnten im frühen Universum durch eine ihnen eigene CP-Verletzung für eine Asymmetrie zwischen den Teilchen und Antiteilchen der schwachen Wechselwirkung, den Leptonen, gesorgt haben, die sich dann zu einem späteren Zeitpunkt auf die Hadronen übertragen hat. Diese so genannte Leptogenese vereint die Fragen nach der Masse der Neutrinos, ihres Ursprungs, der neuen Theorie der Elementarteilchen sowie der Evolution des frühen Universums mit der Frage nach der Existenz der Materie zu einer einzigartigen intellektuellen Herausforderung.

Diese aktuellen Fragestellungen der Kern- und Teilchenphysik verlassen die eingefahrenen Geleise der Teildisziplinen. Darüber hinaus haben sie große Bedeutung für andere Fachgebiete und überlappen erheblich mit deren Fragestellungen. Es zeigt sich, dass die Kosmologie und die Astrophysik zahlreiche Fragen und Methoden mit der Kern- und Teilchenphysik gemeinsam haben (s. Beitrag von P. Schneider).

Die Prozesse bei der Entwicklung des Universums sind die gleichen, die wir in unseren Experimenten im Labor nachzubilden versuchen. Viele der neuen experimentellen Methoden, mit denen neue Beobachtungsmöglichkeiten z. B. für höchstenergetische kosmische Teilchen eröffnet werden, entstammen der Kern- und Teilchenphysik. Deren Wunsch nach immer höheren Energien lässt sich irgendwann nicht mehr durch noch größere Beschleuniger nachkommen, er kann jedoch durch die Beobachtung extrem hochenergetischer kosmischer Ereignisse ergänzt werden. Die Namen der Teilgebiete „Astroteilchenphysik" und „Nukleare Astrophysik" spiegeln wider, was der Bonner Mathematiker Ingo Lieb treffend so formuliert hat: „Jetzt kehrt die Physik dorthin zurück, wo sie vor über 2 000 Jahren herkam – zur Astronomie!"

Eine der Hauptfragen – neben der kosmologisch wichtigen Masse der Neutrinos und der Natur der Dunklen Materie – betrifft die höchstenergetischen Teilchen des Universums. Was sind deren Quellen und wie funktionieren die kosmischen Beschleuniger, die diesen Teilchen ihre extrem hohen Energien geben? Mit der Messung von hochenergetischen Photonen, Neutrinos und geladenen Teilchen sollen diese Rätsel gelöst werden.

Bei allen diesen Fragen hilft die neu eingeführte BMBF-Verbundforschungsförderung Astroteilchenphysik den deutschen Gruppen sehr, ihre in vielen Teilgebieten international führende Rolle auszubauen.

Auf der anderen Seite ergibt sich eine erhebliche Überlappung der neuen Theorie mit der Mathematik. Die gesuchte Theorie, die über das Standardmodell hinausgeht, ist vermutlich sehr komplexer mathematischer Natur. Möglicherweise ist sie eine Stringtheorie, die vielleicht viele Probleme der Physik lösen kann. Zusätzlich zur Vereinigung aller vier fundamentalen Kräfte in der Natur inklusive der Gravitation könnte sie vielleicht sogar erklären, was den Hauptanteil der Energie- und Massendichte im Universum ausmacht, den wir wegen unseres derzeitigen Unwissens als „Dunkle Energie" bezeichnen.

Obwohl uns bei dieser Forschung immer die Suche nach dem antreibt, was die Welt im Innersten zusammenhält, so haben die dazu notwendigen, technologisch äußerst anspruchsvollen methodischen Entwicklungen immer wieder wichtige Anwendungen zur Folge gehabt, wie z. B. das World Wide Web, viele der modernen medizinischen Diagnose- und Behandlungsmethoden oder modernste Methoden in der Elektronik und in der Informationstechnologie. Derzeit wird zur Auswertung der geplanten Beschleunigerexperimente am CERN das so genannte Grid Computing entwickelt, eine dezentrale Hochleistungsrechen- und Datennetzwerktechnologie. Sie wird inzwischen auch in anderen Bereichen als der Hochenergiephysik genutzt. Welche Anwendungen das Grid Computing einmal haben wird, lässt sich derzeit noch nicht absehen.

Die hier nur sehr knapp umrissenen und subjektiv ausgewählten Themen zeigen eines klar: Die Lösung dieser wissenschaftlich und intellektuell so faszinierenden wie herausfordernden Fragen übersteigt die Fähigkeiten einer Teildisziplin bei weitem. Diskussionen und Zusammenarbeit, neue Denkansätze und Interdisziplinarität sind unbedingt erforderlich. Ein Ort wie das Physikzentrum in Bad Honnef, wo der Stil des kollegialen Dialogs zwischen jungen Forschern und erfahrenen Wissenschaftlern in einer einzigartigen Umgebung seit langem gepflegt wird, kann dazu wichtige Beiträge liefern. Die hier durchgeführten Veranstaltungen, von kleinen Workshops, über Schulen zu mittelgroßen Konferenzen auf nationaler und internationaler Ebene, sind – und da kann ich aus eigener sehr positiver Erfahrung berichten – ideal geeignet, um in der Kern- und Teilchenphysik und auch darüber hinaus, die richtigen Entwicklungen voranzutreiben.

Nuclear and Particle Physics *(Summary)*

Modern nuclear and particle physics are undergoing a period of change promising many interesting and fascinating possibilities for the future. The limits of the established sub-disciplines are being crossed and answers to fundamental questions are found, in cooperation with astrophysics, cosmology, and mathematics.

The development of accelerators, in the second half of the 20th century, helped scientists to elicit more and more details from atomic nuclei and elementary particles. Today we know that there are 12 fundamental components building the matter of which all other particles consist. Besides, there are altogether 12 interaction particles communicating the electromagnetic, strong, and weak interactions.

A crucial issue in nuclear and particle physics during the next decade is: "How do particles receive their mass?" With only one exception the standard model of particle physics gives a surprisingly good description of all the observations so far. Only the "Higgs-particle" which is allegedly responsible for the mass of all fundamental particles is still lacking experimental evidence. The accelerator LHC at CERN is supposed to find that particle and confirm that it is under the influence of the "Higgs background field" that the mass of elementary particles originates. By their very nature, elementary particles are massless. It is probably by the same way that hadrons, consisting of nearly massless quarks, receive their mass under the influence of gluons, the particles of strong interaction. Thanks also to the lattice gauge theory we are beginning to really understand hadron physics.

The mass of a particle can also be a crucial evidence of "new physics" beyond the standard model. The neutrinos – three of the twelve fundamental particles of the standard model – were considered massless so far. Experiments with neutrinos show, however, that they can switch. This phenomenon of neutrino oscillation can only be explained if you presume that neutrinos have a mass. Though we do not exactly know the neutrino-masses yet, we know that neutrinos are weighing one million times less than the other elementary particles. Within the framework of the standard model, the very little masses of the neutrinos cannot be satisfactorily explained with the effect of the Higgs-particle. Thus, the neutrino mass we are looking for in the tritium-ß-decay and the double ß-decay is an important key to a new theory beyond the standard model we use at present.

This new theory is to unite the strong, weak, and electromagnetic interactions at high energies and let them appear as one force only. The most promising candidate for this theory, the so called supersymmetry, predicts the existence of a great amount of new particles. The lightest neutral supersymmetric particle, the neutralino, could be the basis of the dark matter. About 25 % of the energy and matter of the universe consist of dark matter.

We can see that cosmology and astrophysics have numerous methods and issues in common with nuclear and particle physics. Among them: What about the existence of a quark-gluon plasma in the early universe? What about the origin of the elements? What about the particles of the dark matter and the role of the neutrinos? What about the nature of "Dark Energy" and the cosmic acceleration of particles to the highest known energies?

A sub-discipline is by far not able to answer all these questions. We do need discussion and cooperation, new approaches and interdisciplinarity. The Physikzentrum in Bad Honnef, a place cultivating a style of collegial dialogues among young researchers and experienced scientists in a unique surrounding, can provide essential contributions here. The events organized here: small workshops, schools, medium scale conferences at a national and international level, are ideal to push forward developments in nuclear and particle physics and beyond. That is what I can tell from my own – and very positive – experience.

1

Astronomie und Kosmologie

Peter Schneider

Die Entwicklung der modernen Astrophysik wird heute von der Öffentlichkeit in einem Maße wahrgenommen, wie dies vor einigen Jahren kaum vorstellbar war. Das Hubble-Weltraumteleskop hat nicht nur extrem wertvolle wissenschaftliche Daten aufgenommen. Es liefert auch beeindruckende detaillierte Bilder von Materiewolkenkomplexen, in denen Sterne geboren werden, von Milchstraßensystemen und den supermassiven Schwarzen Löchern in ihrem Zentrum, sowie von weit entfernten Galaxien, die Zeugnis ablegen von der Frühzeit des Universums. Hubble symbolisiert den atemberaubenden technischen Fortschritt in der beobachtenden Astronomie, der das Fundament geschaffen hat für einen noch vor einer Dekade unvorstellbaren Erkenntnisgewinn. Während 1993 mit dem Keck-Teleskop das erste Teleskop der neuen 10-Meter-Klasse in Betrieb ging, gibt es heute bereits mehr als zehn davon, wobei die vier Teleskope des Very Large Telescope der ESO für die deutsche Astronomie eine besonders wichtige Rolle spielen.

Vor etwa zehn Jahren wurden Galaxien entdeckt, deren Entfernung so groß ist, dass das Licht von ihnen etwa 3/4 des Alters des Universums benötigt, um uns zu erreichen; heute kennen wir viele Tausend dieser Galaxien, und wir dringen in immer weiter entfernte Bereiche unseres Universums vor. Neue Röntgenteleskope im Weltraum geben Einblick in die physikalischen Prozesse in der unmittelbaren Nähe von Schwarzen Löchern; gleichzeitig erlauben sie das detaillierte Studium von Galaxienhaufen, den massereichsten Strukturen im Universum. Dabei findet man, dass diese Galaxienhaufen wesentlich mehr Masse enthalten, als in ihren Galaxien in Form von Sternen sichtbar ist. Selbst das mehrere hundert Millionen Grad heiße Gas zwischen den Galaxien, das die Röntgenstrahlung aussendet, macht nur einen kleinen Teil der Masse aus. Vielmehr bestehen Galaxienhaufen vor allen Dingen aus unsichtbarer Dunklen Materie, deren physikalische Natur bislang unbekannt ist.

Die vermutlich größte Errungenschaft der astrophysikalischen Forschung der letzten Jahre ist die Etablierung eines Standardmodells der Kosmologie. Die Entdeckung der kosmischen Hintergrundstrahlung vor vierzig Jahren hat das Urknallmodell des Universums bestätigt. Aus einem unvorstellbar heißen und dichten Anfangszustand hat sich das Universum mitsamt all seinen Strukturen entwickelt. Die Überbleibsel dieses Anfangszustandes sind heute noch vorhanden: Neun von zehn Heliumatomen in jedem Fesselballon sind etwa drei Minuten nach dem Urknall entstanden, und der kosmische Mikrowellenhintergrund ist die Wärmestrahlung des frühen Universums, die sich durch die kosmische Expansion inzwischen auf knapp drei Grad über dem absoluten Temperaturnullpunkt abgekühlt hat. Die im heutigen Universum sichtbaren Strukturen, wie Galaxien und Galaxienhaufen, haben sich aus kleinen Dichteschwankungen entwickelt, deren frühe Spuren noch heute in winzig kleinen Temperaturschwankungen des Mikrowellenhintergrunds sichtbar sind. Durch den Vergleich von Beobachtungen dieser Fluktuationen mit kosmologischen Modellen ergeben sich Aussagen über die kosmologischen Parameter, die die Dichte der verschiedenen Materiekomponenten des Universums sowie seine Expansionsrate beschreiben.

Spätestens seit der Veröffentlichung der ersten Daten des neuen Satelliten WMAP hat sich das kosmologische Standardmodell etabliert. WMAP hat, wie bereits sein Vorgänger COBE, den gesamten Himmel im Mikrowellenbereich abgebildet und dabei die Temperaturfluktuationen der kosmischen Hintergrundstrahlung mit bislang unerreichter Genauigkeit vermessen. Aus der quantitativen Untersuchung dieser Schwankungen, in Verbindung mit Beobachtungen der großräumigen Verteilung von Galaxien in unserem Teil des Universums, folgert man, dass das Universum nur zu etwa 30 % aus Materie besteht; die restlichen 70 % bestehen aus Dunkler Energie, deren Anwesenheit bereits früher aus den Beobachtungen von Sternexplosionen – den Supernovae – bei großen Entfernungen hergeleitet wurde. Da nur etwa 1/6 der Materie des

Universums aus uns bekannten Materieformen besteht – also aus Elektronen und Atomkernen –, sehen sich die Kosmologen mit einer überraschenden Situation konfrontiert: Sie haben zwar ein geschlossenes und widerspruchsfreies Standardmodell erarbeitet, demzufolge jedoch 95 % des Inhalts unseres Universums aus etwas bestehen, dessen physikalische Natur völlig unbekannt ist.

Dieses Ergebnis ist nicht nur für die Kosmologen von großem Interesse, sondern es steht auch im Mittelpunkt der physikalischen Grundlagenforschung. Fortschritte in unserem Verständnis von Dunkler Materie und Dunkler Energie können nur durch gemeinsame Anstrengungen von Astrophysikern und Elementarteilchenphysikern erzielt werden (s. Beitrag von C. Weinheimer). Dies vor Augen, haben mein Bonner Kollege Hans Peter Nilles und ich eine Tagung im Physikzentrum Bad Honnef organisiert, die im Dezember 2003 mit Unterstützung der Heraeus-Stiftung stattfand. Von dieser international hervorragend besetzten Tagung blieb mir nicht nur die intensive Diskussion zwischen den Teilchen- und Astrophysikern in Erinnerung. Vielmehr war unser Workshop auch der erste, der im neu erbauten Hörsaal des Physikzentrums (s. Beitrag von Dieter Scheven) stattfand. Die Vielzahl von Knopfdruckkombinationen am Schaltpult, mit dem die hervorragend gestaltete Projektionstechnik dieses Hörsaals bedient wird, hat uns nicht nur zahlreiche Momente unfreiwilliger Komik beschert, sondern auch den Unterschied zwischen theoretischem Denken und praktischem Handeln klar vor Augen geführt.

Diese interdisziplinäre Veranstaltung an der Schnittstelle von Astrophysik und theoretischer Physik hat zum einen dazu gedient, die inzwischen überwältigende Beweislast für das Vorhandensein von Dunkler Materie und Dunkler Energie aus astronomischen Beobachtungen klar herauszuarbeiten. Zum andern wurde deutlich, dass es zwar sehr vielversprechenden Ideen für die Natur der Dunklen Materie gibt, dass aber die Eigenschaften der Dunklen Energie völlig „im Dunklen" liegen. Tatsächlich sind vollständig neue Ansätze gefragt, die dieses vielleicht größte Rätsel der fundamentalen Physik lösen können. Der Workshop im Physikzentrum hat auch zum Zustandekommen eines transregionalen Sonderforschungsbereichs beigetragen, der seit Juli dieses Jahres von der Deutschen

Forschungsgemeinschaft finanziert wird und dessen Ziel die Erforschung der „dunklen Seite" des Universums ist.

Die Astrophysiker erforschen nicht nur die fundamentalen Eigenschaften unseres Universums, sie sind auch der Entwicklung kosmischer Objekte auf der Spur: Wie bilden sich aus den Dichteschwankungen der Materie, die sich durch die Schwankungen der Hintergrundstrahlung verraten, die heute sichtbaren Galaxien mit ihren Sternen und Planetensystemen? Dank der modernen Beobachtungsmöglichkeiten und der zur Verfügung stehenden Computerleistung, die sehr detaillierte Modellrechnungen ermöglicht, fügt sich auch hier inzwischen ein konsistentes Bild zusammen, bei dem jedoch noch viele spannende Fragen offen bleiben. Da dieses Forschungsthema zu den Stärken astronomischer Forschung in Deutschland gehört, wurde ein Schwerpunktprogramm zu den „Zeugen kosmischer Geschichte" eingerichtet. Im Rahmen dieses Pro-

gramms sollen die Entwicklung der Galaxien, ihre großräumige Umgebung und ihre zentralen supermassiven Schwarzen Löcher untersucht werden, wobei die intensive Zusammenarbeit zwischen verschiedenen Instituten in Deutschland und im benachbarten Ausland besonders gefördert werden soll. Dieses Forschungsthema ist ein exzellentes Beispiel dafür, dass zum Verständnis astronomischer Objekte Beobachtungen in einer Vielzahl von Wellenlängenbereichen des elektromagnetischen Spektrums und ein intensiver Vergleich mit theoretischen Modellen notwendig sind.

Das Physikzentrum spielt auch für dieses Schwerpunktprogramm eine zentrale Rolle, denn die Vorbereitung des Programms und seine Begutachtung durch die Deutsche Forschungsgemeinschaft fanden in Bad Honnef statt. Und während die letzten Zeilen dieses Beitrags entstehen, wird hier im Physikzentrum eine internationale Sommerschule veranstaltet, in der die am Schwerpunktprogramm beteiligten Wissenschaftler über verschiedene Aspekte der Galaxienentwicklung und der Methoden ihrer Untersuchung vortragen. An dieser Schule nehmen etwa 60 Studenten aus aller Welt teil. Der moderne Hörsaal und die Übernachtungs- und Verpflegungsmöglichkeiten sorgen für eine wissen-

1) RXJ 1347 ist der leuchtkräftigste Galaxienhaufen im Bereich des Roentgenlichts. Diese Aufnahme mit dem Hubble-Weltraumteleskop zeigt neben der Vielfalt der Galaxien dieses Haufens auch stark verzerrte Bilder von Hintergrundgalaxien. Diese Verzerrungen resultieren aus der Lichtablenkung durch die Gravitationswirkung des Haufens und zeugen von der gewaltigen Massenkonzentration. Beobachtungen wie diese liefern eindeutige Hinweise auf die Dominanz Dunkler Materie in den Galaxienhaufen. (Tim Schrabback und Thomas Erben, Universität Bonn)

2) Das Paranal Observatorium mit seinen vier 8-Meter Teleskopen (dem Very Large Telescope der Europäischen Südsternwarte ESO), der Kuppel des neuen VLT Survey Telescope (zweites von rechts) und einem Zusatzteleskop. (Wiedergabe mit freundlicher Erlaubnis der ESO)

1) RXJ 1347 is the most luminous x-ray galaxy cluster. This photograph taken by the Hubble Space Telescope shows the diversity of the galaxies of this cluster, as well as the distorted images of the background galaxies. These distortions are due to gravitational light deflection of the cluster and serve as evidence of the mass concentration. Observations such as these are clear indications of the dominance of dark matter in the galaxy clusters. (Tim Schrabback and Thomas Erben, University of Bonn)

2) The Paranal Observatory in Chile with its four 8-metre telescopes (the Very Large Telescope of the European Southern Observatory, ESO), the dome of the new VLT Survey Telescope (second from the right) and another telescope. (Published with the kind permission of the ESO)

schaftlich intensive Woche der astronomischen Ausbildung und Kommunikation. Darüber hinaus lässt die gemeinsame Nähe auch vielfältige persönliche Kontakte zwischen Studenten und Wissenschaftlern entstehen, die in vielen Fällen zu künftigen Zusammenarbeiten führen werden. Auf den Erfolg dieser Schule werden wir heute Abend im Bierkeller des Physikzentrums anstoßen.

Astronomy and Cosmology *(Summary)*

The development of modern astrophysics is perceived by the public to a degree unimaginable just a few years ago. The Hubble Space Telescope did not only record extremely valuable scientific data. It also provided impressive and detailed images of gas clouds in which stars are born, of Milky Way systems and the supermassive black holes in their center, and of very distant galaxies giving evidence of the dawn of the Universe. Hubble is a symbol of the breathtaking technical progress in observational astronomy, leading to a gain of knowledge which was unforeseen a decade ago.

New X-ray telescopes in space yield insight into the physical processes in the immediate vicinity of black holes. Furthermore, they allow an in-depth study of clusters of galaxies, the most massive structures in the universe. We have realized that these clusters of galaxies contain substantially more mass than we can see as stars in their galaxies. Even the gas between the galaxies, several hundred million degrees hot and emitting the X-rays, forms only a small fraction of the mass. Clusters of galaxies consist predominantly of invisible dark matter, the nature of which is as yet unknown.

Establishing a standard model of cosmology arguably is the greatest achievement of astrophysical research during the past years. When the cosmic background radiation was discovered forty years ago, it confirmed the Big Bang model of the Universe. The Universe and all its structure has developed from an incredibly hot and dense initial state. The cosmic microwave background is the thermal radiation of the early Universe which, through cosmic expansion, has cooled down to three degrees above absolute zero temperature. Structures like galaxies and clusters of galaxies, visible in the current Universe, developed from small density fluctuations, the early traces of which are still visible today in minuscule temperature fluctuations of the microwave background. From the quantitative investigation of these fluctuations and observing the large-scale distribution of galaxies in the local Universe we conclude that only 30 % of the Universe consist of matter, the rest being made up of dark energy. As merely 1/6 of the matter density is made up of known forms of matter, 95 % of the content of our Universe consist of something the nature of which is completely unknown.

This result is not only of great interest to cosmologists but is also at the focus of research in fundamental physics. Only by joint efforts of astrophysicists and elementary particle physicists, progress in our understanding of dark matter and dark energy can be achieved. In 2003 we organized an interdisciplinary workshop at the Physikzentrum Bad Honnef focussing on these issues, partially triggering the establishment of a Collaborative Research Centre of the Deutsche Forschungsgemeinschaft (DFG - German Research Foundation), aiming at investigating the "dark side" of the Universe. Besides, a Priority Programme was established focussing on the "witnesses of cosmic history". This programme aims at investigating the development of galaxies and the supermassive black holes in their centers. Here, too, the Physikzentrum plays a crucial role: the programme was planned and structured there and so was its assessment by the DFG. Presently, an international summer school takes place at the Physikzentrum, within the framework of the Priority Programme. In the beer cellar of the Physikzentrum, the participants of that school will propose a toast for the success of that school tonight.

Autoren und Mitwirkende / Authors and Collaborators

Prof. Dr. Immanuel Bloch, Universität Mainz

Dipl.-Ing. Jost-Michael Broser, Fachhochschule Köln

Prof. Dr. Claude Cohen-Tannoudji, L' École Normale Supérieure, Paris

Jürgen Felbinger, Fachhochschule Köln

Dr. Victor Gomer, Wissenschaftlicher Sekretär des Physikzentrums Bad Honnef

Prof. Dr. Theodor W. Hänsch, Universität München und Max-Planck-Institut für Quantenoptik, Garching

Dunja Harenberg M. A., Eitorf

Prof. Dr. Günter Kaindl, Freie Universität Berlin

Dipl.-Ing. Volker Kirsch, Köln

Prof. Dr. Frederick Koch, Technische Universität München

Anna Koll-Broser, Köln

Prof. Dr. Dieter Meschede, Universität Bonn, Wissenschaftlicher Leiter des Physikzentrums Bad Honnef

Prof. Dr. Volkhard Nordmeier, Freie Universität Berlin

Dr. Bernhard Nunner, Hauptgeschäftsführer der Deutschen Physikalischen Gesellschaft, Bad Honnef

Stephan Retterath, Fachhochschule Köln

Prof. Dr. Dieter Röß, Vorstandsvorsitzender der Wilhelm und Else Heraeus-Stiftung, Hanau

Dr. Rainer Scharf, Straßenhaus

Dr. Dieter Scheven, ehemaliger Vorsitzender des Kuratoriums des Physikzentrums Bad Honnef

Prof. Dr. Peter Schneider, Universität Bonn

Prof. Dr. Werner B. Schneider, Universität Erlangen

Prof. Dr. Berthold Schoch, Universität Bonn

Prof. Dr. Ulrich Schollwöck, RWTH Aachen

Prof. Dr.-Ing. Norbert Schöndeling, Fachhochschule Köln

Kurt Seelmann, Vorsitzender des Kuratoriums des Physikzentrums Bad Honnef

Prof. Dr. Eberhard Umbach, Präsident der Deutschen Physikalischen Gesellschaft, Würzburg

Prof. Dr. Michael Vollmer, Fachhochschule Brandenburg

Prof. Dr. Herbert Walther, Universität München und Max-Planck-Institut für Quantenoptik, Garching

Prof. Dr. Christian Weinheimer, Westfälische Wilhelms-Universität Münster

Entwicklung der Tagungseinnahmen des Physikzentrums / Development of conference income of the Physikzentrum

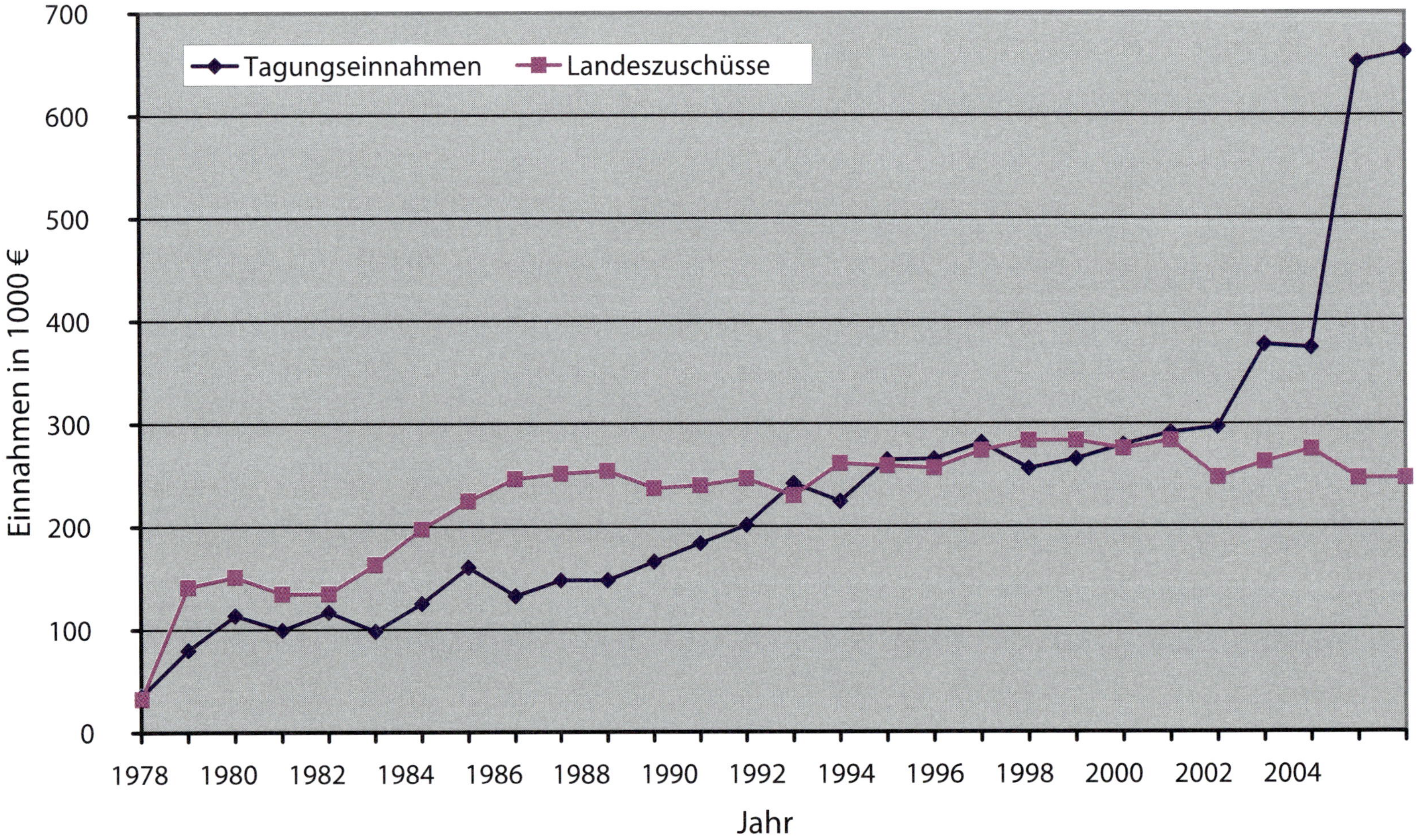

Einnahmen in 1 000 € pro Jahr / Income in 1 000 € per year

Entwicklung der Tagungsteilnehmerzahlen des Physikzentrums / Development of number of conference participants in the Physikzentrum

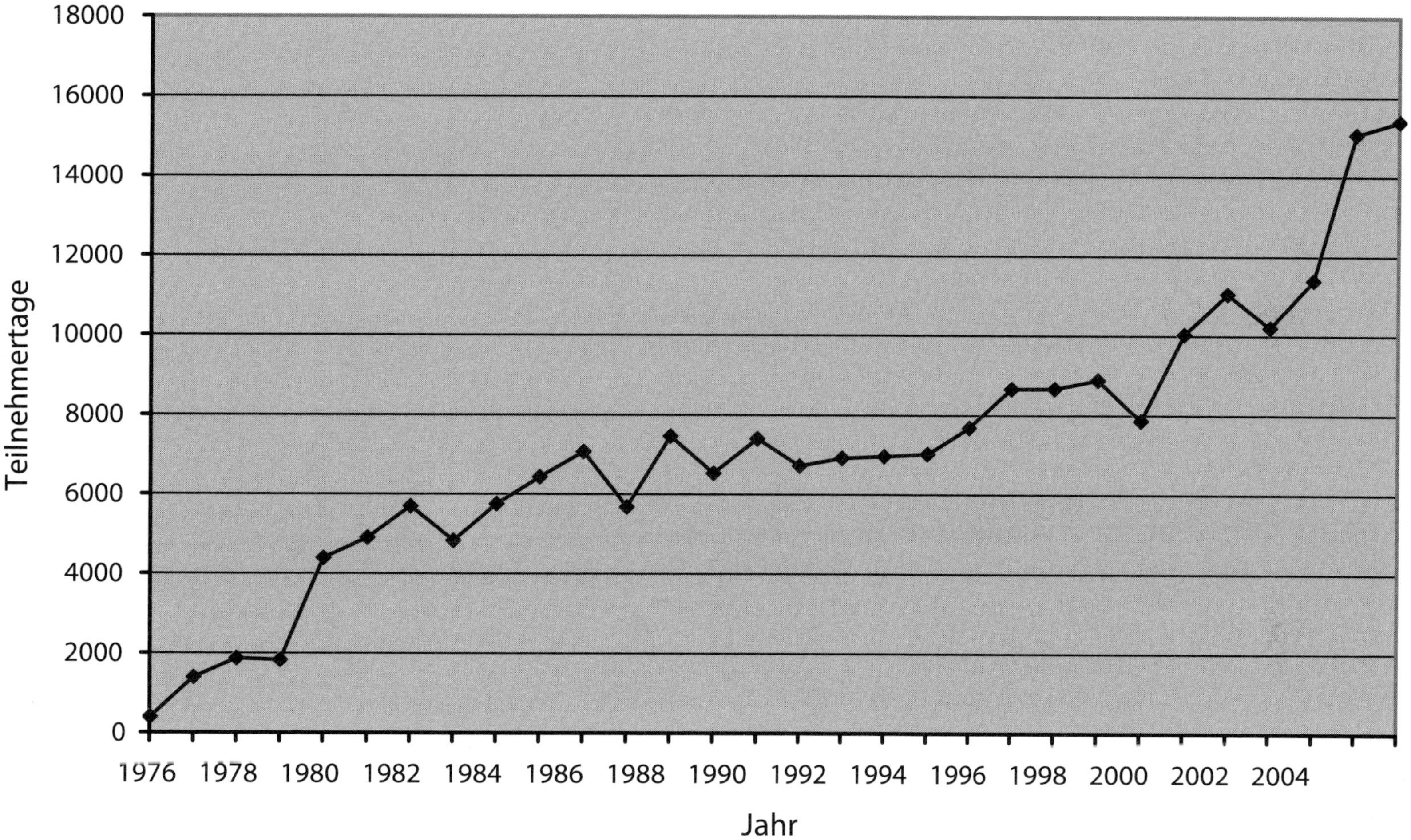

Teilnehmertage pro Jahr / Number of participant days per year

Im Jahr 2005 (1999) zählte das Physikzentrum 5 570 (3 430) Tagungsteilnehmer sowie 12 050 (6 460) Übernachtungen.

In 2005 (1999) the Physikzentrum had 5 570 (3 430) conference participants and 12 050 (6 460) overnight stays.

Entwicklung der Zahl der WE-Heraeus-Seminare im Physikzentrum / Development of number of WE-Heraeus-seminars in the Physikzentrum

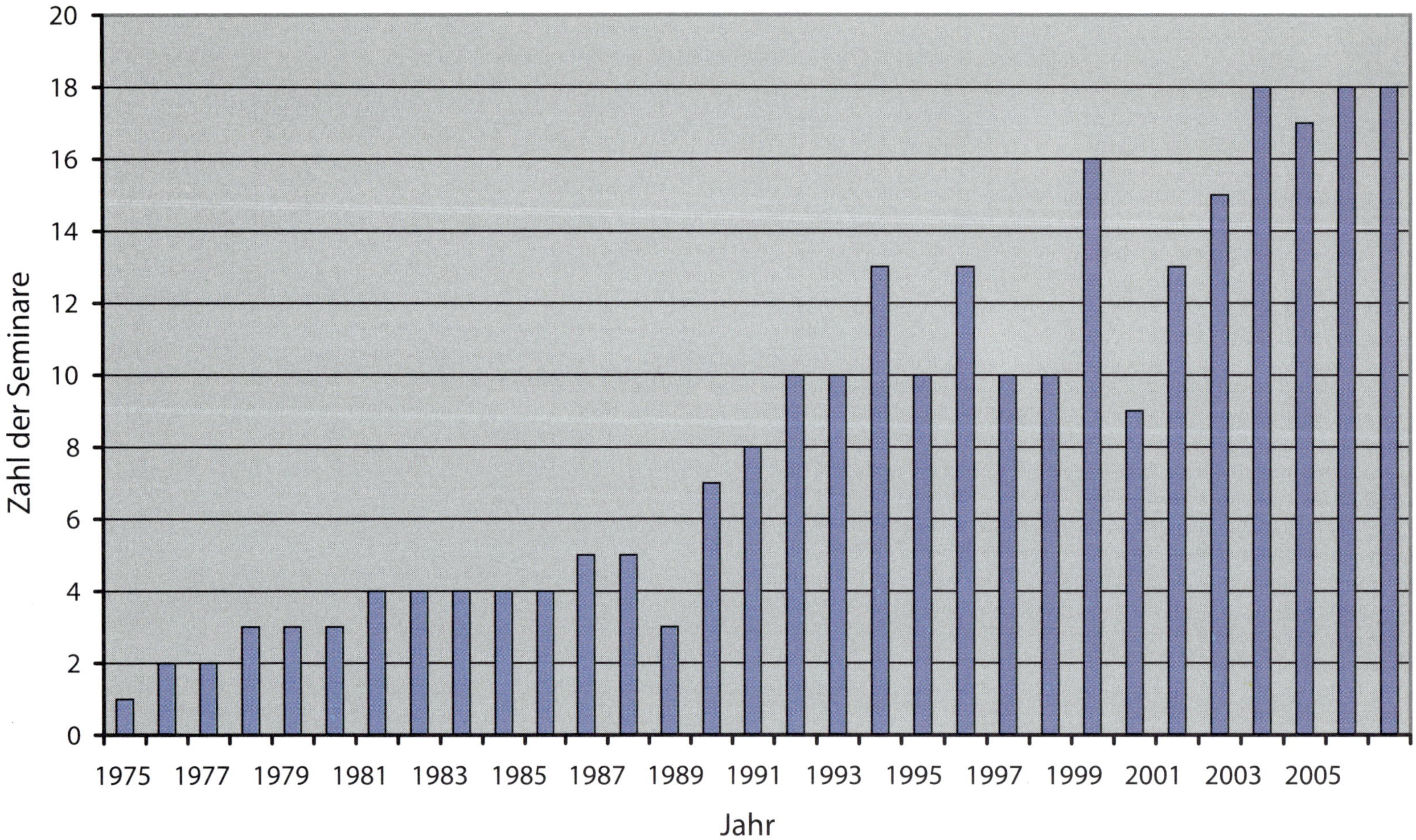

Zahl der Seminare / Number of seminars

Von 1975 bis 2005 fanden 262 WE-Heraeus-Seminare im Physikzentrum statt.

From 1975 to 2005, 262 WE-Heraeus seminars took place in the Physikzentrum.

DPG-Schulen für Physik, gefördert durch die WE-Heraeus-Stiftung / DPG schools of physics, sponsored by the WE Heraeus Foundation

Es handelt sich um einwöchige Schulen zu aktuellen Themen der modernen Physik für junge Forscher. Seit 1980 fanden 54 Schulen im Physikzentrum statt, an denen insgesamt 2 823 junge Physikerinnen und Physiker als Hörer teilgenommen haben. Das waren im Mittel 52 Hörer pro Schule.

These are week-long schools for young researchers concerning current subjects of modern physics. Since 1980, 54 schools took place in the Physikzentrum with a total of 2 823 young physicists as listeners. This means that 52 people participated per school on average.

Die 38 Schulen seit 1990 im Einzelnen / The 38 schools since 1990 in detail

Moderne Methoden der Festkörperanalytik (61) – Dr. H. Oppolzer, Siemens AG, München, Prof. Dr. K. Urban, FZ Jülich

Kosmologie: Ein physikalisches Bild des frühen Universums (56) – Prof. Dr. G. Börner, MPI Garching

Neuro-Biophysik: Von Ionenkanälen zu neuronalen Netzen (59) – Prof. P. Fromherz, U Ulm

Quantenoptik: Vom Ein-Atom-Maser zur Optoelektronik (58) – Prof. Dr. J. Mlynek, U Konstanz, Prof. Dr. A. Schenzle, LMU München

Physik und Chemie der Umwelt (55) – Prof. K.O. Münnich, U Heidelberg, Prof. P. Warneck, MPI Mainz, Prof. R. Zellner, U Essen

Quantenoptik II (58) – Prof. D. Meschede, U Hannover, Prof. A. Schenzle, LMU München

Polymerphysik (61) – Priv.-Doz. Dr. K. Kremer, Forschungszentrum Jülich

Galaxienentwicklung (49) – Prof. Dr. G. Hensler, U Kiel

Physik von Quarks und Leptonen (56) – Prof. Dr. B. Stech, U Heidelberg

Materials Research with Nuclear Techniques (65) – Prof. Dr. G. Langouche, U Leuven, Prof. Dr. K. P. Lieb, U Göttingen, Dr. R. Vianden, U Bonn

Struktur des Nukleons (52) – Prof. Dr. W. Weise, U Regensburg

Mesoskopische Elektronische Phänomene (58) – Prof. Dr. B. Kramer, U Hamburg

Physik der Speicher und Fallen (33) – Prof. Dr. Paul Kienle, TU München, Prof. Dr. H. Walther, MPQ Garching

Komplexe Grenzflächen und Membranen (55) – Prof. Dr. R. Lipowski, MPI Teltow, Prof. Dr. H. Möhwald, MPI Berlin

Synchrotronstrahlung und ihre Anwendungen (61) – Prof. Dr. W. Eberhardt, FZ Jülich

Optoelektronik – Photonik (56) – Prof. G. Landwehr, U Würzburg, Prof. M. Pilkuhn, U Stuttgart

Diodenlaser (66) – Prof. Dr. D. Meschede, U Bonn, Prof. Dr. T. W. Hänsch, MPI Garching

Elementare Kernanregungen (62) – Prof. Dr. P. von Brentano, U Köln

Kollektiver Transport in ungeordneten Medien (57) – Prof. Dr. Th. Nattermann, U Köln

Dünne Schichten- Erzeugung, Eigenschaften und Anwendungen (34) – Prof. Dr. H. Oechsner, U Kaiserslautern

Die äußere Heliosphäre – jenseits der Planeten (23) – Dr. K. Scherer, MPAe Katlenburg-Lindau

Weiche Materie - Kolloide, Flüssigkristalle, Polymere, Membranen (35) – Prof. Dr. H. Löwen, U Düsseldorf

Physik der Keramik (25) – Prof. Dr. F. Aldinger, MPI für Metallforschung Stuttgart

Material Science with Nuclear Methods (45) – Prof. Dr. K. Lieb, U Göttingen, Dr. R. Vianden, U Bonn

Quantum Computing (72) – Frau Dr. D. Bruß, U Hannover, Prof. G. Leuchs, U Erlangen

Computational Physics (54) – Prof. Dr. D. Stauffer, U Köln, Prof. Dr. D. Wolf, U Duisburg

Galactic Black Hole (29) – Dr. H. Falcke, MPIfR Bonn, Prof. Dr. F. W. Hehl, U Köln

Electronic Nanostructures (58) – Prof. Dr. B. Kramer, U Hamburg

Optimal Femtosecond Laser Control of Microscopic Dynamics (42) – Prof. Dr. Th. Baumert, U Kasse, Prof. Dr. G. Gerber, U Würzburg

Physics of Cells (50) – Prof. E. Sackmann, TU München, Prof. W. Zimmermann, U Saarbrücken

Space Weather: The Physics behind a Slogan (25) – Dr. K. Scherer, dat-hex Katlenburg-Lindau

Molecular electronics (55) – Dr. W. Rieß, IBM Zürich, Prof. Dr. W. Brütting, U Augsburg

Masses of hadrons (59) – Prof. Dr. U. Mosel, U Gießen

Neutrino Physics: From Laboratory to the Cosmos (61) – Dr. G. Drexlin, FZ Karlsruhe und Prof. Dr. C. Weinheimer, U Bonn

Low Temperature Plasma Physics: Basics and Applications (62) – Prof. Dr. J. Winter, U Bochum

Nano- and Microfluidics (26) – Prof. Dr. K. Jacobs, U Saarbrücken, Prof. Dr. W. Zimmermann, U Bayreuth, A. Ajdari, Paris

Dynamics of Socio-Economic Systems: A Physics Perspective (37) – Prof. Dr. Dr. Frank Schweitzer, ETH Zürich

The Physics of Imaging (60) – Prof. Stefan W. Hell, MPI Biophysical Chemistry, Göttingen

Zahl der Teilnehmer in Klammern / Number of participants in parentheses

DPG-Lehrerfortbildungskurse, gefördert durch die DPG / DPG advanced training courses for teachers, sponsored by the DPG

Es handelt sich um einwöchige Kurse zum aktuellen Stand der physikalischen Forschung und der Fachdidaktik für Lehrkräfte aller Bundesländer. Die Kurse werden ehrenamtlich von Hochschullehrern der Physik oder der Didaktik der Physik sowie von Führungskräften der industriellen Forschung organisiert. Seit 1990 fanden 32 Lehrerkurse mit insgesamt 1 551 Hörern statt. Das waren im Mittel 48 Teilnehmer pro Schule.

These are week-long courses for teachers from all federal states on the status quo of physical research and didactics. The courses are organised honorarily by professors of physics or didactics of physics as well as by managers in industrial research. Since 1990, 32 teachers' courses took place with a total of 1551 listeners. This means that 48 people participated per school on average.

Die 32 Lehrerkurse seit 1990 im Einzelnen / The 32 teachers' courses since 1990 in detail

Elementarteilchen und Astrophysik (58) – D. Drechsel, U Mainz, K. Luchner, LMU und P. Wessels, MNU

Physikalische Messverfahren bei Untersuchungen von Klima und Umwelt (48) – J. Sahm, TU Berlin und F. Walther, Schule Berlin

Moderne Optik und Spektroskopie (43) – K. Luchner, LMU München und P. Wessels, MNU Bremen

Der elektrische Strom (37) – V. Kose, PTB Braunschweig und F. Walther, Schule Berlin

Oberflächenphysik (29) – V. Dose, MPIPP Garching und W. Schneider, U Erlangen-Nürnberg

Physik in der Medizin (48) – F. Gudden, Siemens Erlangen und P. Wessels, MNU Bremen

Temperatur (46) – F. Pobell, U Bayreuth und P. Wessels, MNU Bremen

Akustik (56) – F. Mechel, U Stuttgart und M. Sessler, TH Darmstadt

Laser, Nichtlineare Optik, Chaos (54) – F. Mitschke, U Hannover und M. Lichtfeldt, FU Berlin

Nichtlineare Dynamik der Fluide (31) – I. Rehberg, U Bayreuth und W. Schneider, U Erlangen

Mikroskopie (21) – O. Marti, U Ulm und M. Lichtfeldt, FU Berlin

Kosmologie und Elementarteilchen (61) – R. Bender, LMU München und H. Hilscher, U Augsburg

Energie und Umwelt (58) – K. Heinloth, U Bonn und F. Bader, Ludwigsburg

Grundlagen der Quantenmechanik (64) – M. Lichtfeldt, U Halle-Wittenberg und W. Schleich, U Erlangen

Licht, Schatten und Farbe in der Umwelt (54) – H.-J. Schlichting, U/GH Essen und M. Vollmer, FH Brandenburg

Röntgenphysik (33) – G. Schmahl, U Göttingen und J. Sahm, TU Berlin

Kosmologie (79) – U. Backhaus, U Koblenz; F. W. Hehl, U Köln und K. Lotze, U Jena

Biophysik - Riechen, Hören, Sehen (36) – P. Fromherz, MPI Martinsried

Physik der elementaren Teilchen (28) – H. Hilscher, U Augsburg und B. Schoch, U Bonn

Physik des Sports (51) – L. Mathelitsch, U Graz und H.-J. Schlichting, U Münster

Physik und Musik (53) – M. Vollmer, FH Brandenburg und H.-J. Schlichting, U Münster

100 Jahre Quantenphysik (52) – H. Fischler, FU Berlin und D. Meschede, U Bonn

Physikalische Aspekte der Meteorologie (36) – M. Vollmer, FH Brandenburg und W. Wehry, FU Berlin

5th International EAAE-Summer School: Teaching Astronomy (32) – R. M. Ros, U Barcelona; R. Szotack, U Münster; W. Warland, Monheim

Nanophysik und Nanotechnologie (39) – U. Kreibig, RWTH Aachen und H.-J. Schlichting, U Münster

Neues von den Quanten (62) – U. Backhaus, U Essen und R. Werner, TU Braunschweig

Physik der Erde (60) – M. Vollmer, FH Brandenburg und W. Schneider, U Erlangen

Moderne Methoden der Spektrometrie (33) – K. Wendt, U Mainz und G. Hacker, U Erlangen

Sensoren - Physikalische Grundlagen und Anwendungen (58) – W. Schneider, U Erlangen und J. Vetter, Siemens AG

Zurück zu den Wurzeln: Geschichte im Physikunterricht (60) – M. Barth, Studienseminar

Hildesheim, D. Hoffmann, MPIWG Berlin und F. Rieß, U Oldenburg

Spezielle und allgemeine Relativitätstheorie (91) – K.-H. Lotze, U Jena und Ute Kraus, U Tübingen

Laser: Grundlagen, Anwendungen und aktuelle Entwicklungen (40) – W. Schneider, U Erlangen und M. Vollmer, FH Brandenburg

Zahl der Teilnehmer in Klammern / Number of participants in parentheses

Mitglieder der Gremien des Physikzentrums / Members of the boards of the Physikzentrum

(* die aktuellen Mitglieder) (* the current members)

Kuratorium / Board of Trustees

Gründungsmitglieder (1986) / Founding members

Dr. h. c. E. Freiherr von Medem, Düsseldorf
Dr. D. Scheven, Düsseldorf
Prof. Dr. S. Methfessel, Bochum
Prof. Dr. M. Polke, Leverkusen
Prof. K. Fleischhauer, Bonn
Dr. W. Wahlers, Bonn

Weitere Mitglieder / Further members

Min. Dirig. a. D. Dorothee Dzwonnek, Düsseldorf
MRin Sigrid Weißenfels, Düsseldorf
Prof. Dr. K. Borchard, Bonn
*Prof. Dr. A. Freimuth, Köln
Prof. O. G. Folberth, Böblingen
Prof. Dr. T. Hochmuth, Düsseldorf
*Min. Rat Dr. Horn, Düsseldorf
Prof. Dr. M.G. Huber, Bonn
*Dr. R. Lutz, Bonn
*Prof. Dr. H. Müller-Krumbhaar, Jülich
Prof. Dr. J. Schnakenberg, Aachen
*Leit. Min. Rat. a. D. K. Seelmann, Neuss
*Prof. Dr. M. Winiger, Bonn

Wissenschaftlicher Beirat / Scientific Advisory Board

Gründungsmitglieder (1976) / Founding members

Prof. Dr. W. Bürger, Karlsruhe
Prof. Dr. V. Claus, Dortmund
Prof. Dr. J. Diehl, Stuttgart
Dr. H. Franz, Hanau
*Prof. Dr. J. Hajdu, Köln
Dr. W. H. Heraeus, Hanau
Prof. Dr. G. Hohlneicher, Köln
Prof. Dr. Th. Lehmann, Bochum
Prof. Dr. W. Kuhn, Gießen
Prof. Dr. Th. Mayer-Kuckuk, Bonn
Prof. Dr. O. Madelung, Marburg
Dr. P. Schweitzer, Stuttgart

Weitere Mitglieder / Further members

Prof. Dr. Annette Zippelius, Göttingen
Prof. Dr. F. Aldinger, Stuttgart
Prof. Dr. D. Besdo, Hannover
Prof. Dr. K.-H. Böhling, Bonn
Prof. Dr. M. Bormann, Bochum
Prof. Dr. O. T. Bruhns, Bochum
Prof. Dr. F. Dönau, Dresden
*Dr. E. Dreisigacker, Hanau
*Prof. Dr. M. Euler, Kiel
Prof. Dr. B, Fink, Leverkusen
Prof. Dr. H. Freiesleben, Dresden
Prof. Dr. P. Fromherz, Martinsried
Prof. Dr. G. Eilenberger, Jülich
*Dr. K. Hahn, Ludwigshafen
Prof. Dr. W. Heywang, München
Prof. Dr. M.G. Huber, Bonn
Dr. O. Jäntsch, München
*Prof. Dr. J. Käs, Leipzig
*Prof. Dr. J.P. Kotthaus, München
Prof. Dr. K.-P. Lieb, Göttingen
*Prof. Dr. J. Louis, Hamburg
Dr. N. Marschall, Frankfurt
*Prof. Dr. U.-G. Meißner, Bonn
Prof. Dr. D. Meschede, Bonn
Prof. Dr. W. Merzkirch, Essen
Prof. Dr. K. Möbius, Berlin
Prof. Dr. I. Müller, Berlin
Prof. Dr. K.A. Müller, Zürich
*Prof. Dr. Th. Nattermann, Köln
Prof. Dr. E. Raubold, Darmstadt
Dr. W.H. Rieß, Zürich
Prof. Dr. H. Ruder, Tübingen
*Dr. T. Ruf, Stuttgart
Prof. Dr. G. Saemann-Ischenko, Erlangen
Prof. Dr. J.A. Sahm, Berlin
*Prof. Dr. G. Schäfer, Jena
Dr. V. Schäfer, Hanau
Dr. W.M. Schilz, Aachen
*Prof. Dr. G. Schön, Karlsruhe
Dr. B. Thomas, Frankfurt
Prof. Dr. E. Tiemann, Hannover
Prof. Dr. J. Treusch, Dortmund
Prof. Dr. U. Trottenberg, Bonn
Prof. Dr. M. Wutz, Hanau
Prof. Dr. W. Zimmermann, Saarbrücken

Wissenschaftlicher Leiter / Scientific Manager

Prof. Dr. Th. Mayer-Kuckuk
Prof. Dr. M.G. Huber
Prof. Dr. B. Schoch
*Prof. Dr. D. Meschede

Wissenschaftlicher Sekretär / Scientific Secretary

Dr. J. Debrus
*Dr. V. Gomer